香草植物栽培筆記

圖解50種經典香草的種植&應用

小黑晃／監修
曹茹蘋／譯

GARDEN PARTY
香氣四溢的花園派對

以香草裝飾、入菜的宮本小姐。請享用添上胡椒薄荷的飲料和香蜂草蛋糕！

香草專家的美好生活與應用方式

令人稱羨的 HERBAL LIFE

我們請教了在日常生活中活用各種香草的兩位專家，如何輕鬆地在庭院和房間加以運用。香草是最貼近你我身邊，能夠帶來香氣和幸福的植物。各位不妨也試著用香草點綴豐富自己的生活吧。

GARDENS 園藝設計師
宮本里美 @8787gardens

TEA TIME
午茶時光

右／將香草和點心擺成花環狀，享受悠閒的午後時光。檸檬香茅茶的作法是將檸檬香茅葉捲起放入杯中，倒入熱水，再讓芳香萬壽菊的花瓣漂浮其上。
左／以淺紫色和堇菜圖案作為餐桌布置主題的茶會。連葉子和莖也用砂糖醃漬是GARDENS的作風。將巧克力蛋糕妝點得可愛迷人。

Herb Idea 從庭院採摘堇菜，用水清洗後拭乾，接著用毛刷塗上白蘭地，再撒上細砂糖，如此糖漬堇菜就完成了！

以充滿幸福元素的香草 打造快樂舒適的生活

宮本小姐以GARDENS LIFE為題，致力於推廣樂趣無限的庭院生活。在定期舉辦的課程上，以香草和芳香花卉為主題的茶會、花藝設計也很受歡迎。「庭院是貼近你我身邊的小型大自然。只要和庭院一同生活，自然而然就會充滿幸福感。尤其香草擁有很強大的力量，光是觸摸便能獲得療癒、恢復元氣。」宮本小姐每天都透過網路，發表栽種香草並加以運用的心得。

採摘香氣迷人的玫瑰，和砂糖一同熬煮製成果醬，接著倒入熱水做成粉紅色的玫瑰花茶。以庭院裡的玫瑰做裝飾，散發些許玫瑰香氣的午茶時光是如此幸福。若再添上玫瑰造型的點心會更有氣氛。

有客人來訪的日子會以香草款待。這一天準備的是洋甘菊茶、玫瑰天竺葵果凍、以迷迭香為基底的奶油酥餅。

Tussie Mussie Bouquet
製作花束

「Tussie Mussie」是將開花的香草集結成束，做成充滿自然感且香氣馥郁的花束。挑選的花材有矢車菊（藍紫、淺粉紅、白）、黑種草（花蕾）、洋甘菊、玫瑰天竺葵等。「只要採摘庭院裡的香草，使其吸飽水分後聚集成球狀，再以麻繩或拉菲草繩固定即可輕鬆完成。也可以多做一點當成禮物送人。」

Herb Idea

右／只要在蠟燭旁擺放迷迭香的枝葉，點亮後就會成為芳香四溢的香草蠟燭。

左／以大量斑葉鳳梨薄荷做裝飾，讓室內瀰漫清新香甜的氣味。由於生長力旺盛的香草在梅雨季節容易悶熱，因此請儘管修剪並放在屋內欣賞。

Botanical Interior
植感室內空間

Herb Idea

用鼠尾草色的緞帶將法蘭絨花、聖誕玫瑰、黑種草的白花，以及矢車菊、落新婦的藍花綁成一束，親手製作成熟自然風格的壁飾。像乾燥花一樣掛起來，以植物妝點室內空間。看著花束逐漸乾燥同樣饒富趣味。

Herb Craft
香草工藝品

不點火照樣香氣十足的蠟燭「香氛蠟燭棒」。在蠟裡面加入薰衣草的香氛油，然後以乾燥花瓣做裝飾，呈現出既成熟又可愛的設計風格。

正在製作Tussie Mussie的近藤小姐。將香草攤放在桌上，一邊組合一邊慢慢地完成。

sepianomori

香草工藝師

近藤洋子 @sepianomori

依照當下的心情選擇香草，讓生活中隨時都有芳香的花束陪伴

近藤小姐是工作室「sepia之森」的負責人。除了香草花藝設計外，還會在社群平台上分享噗噗莉、緞帶飾品等當季芳香小物的製作活動和應用方式。「我很喜歡香草工藝的一點，是可以從花圃或容器中自由摘取製作的隨興感」，近藤小姐這麼說。收成量多的春夏是以新鮮香草，秋冬則是以乾燥香草來點綴每一天。

春天時，花圃裡洋甘菊盛開。剛摘下的花朵帶有類似蘋果的清爽香甜氣味。日落後花瓣會閉合，黃色的花蕊像帽子一樣十分可愛。

近藤家的前院充滿狹葉薰衣草的香氣。只要用緞帶編織新鮮的薰衣草做成一束，就能讓香氣持久不散。

WREATH & BOUQUET
以花環和花束讓房間盈滿香氣

以大朵的玫瑰「美里的玫瑰之歌」為主角，搭配上小朵～極小朵的玫瑰和7種香草，做成洋溢春天浪漫氛圍的桌上型花環。只要也混入一些花蕾便能拉長觀賞的時間。

將玫瑰、鐵線蓮、香草（薄荷、迷迭香、棉杉菊）聚集成球狀，掛在窗邊。如果把同時期綻放的庭院花草也加進去，看起來會更加華麗。

Fresh Herbs
新鮮香草的應用方式

春夏堪稱是新鮮香草的主場，其帶有清涼感的香氣、柔軟的葉子、楚楚可憐的花朵非常吸引人。各位不妨用來裝飾，盡情享受香草的迷人氣味。

HERB BALL
具有放鬆效果的香草球

用紗布包裹大量新鮮香草，然後用微波爐加熱或用蒸爐來蒸，如此便能當成按摩球來使用。可以混合好幾種喜歡的香草，創造出獨特的香氣，讓香草球和香氣療癒疲憊的身心。

HERB TINCTURE & WATER
活用香草酊劑和蒸餾水

左、中／收集氣味香甜的丹桂花，泡在酒精中做成酊劑。只要放在沒有陽光直射的地方，便能保存1年左右。
右／以蒸餾器製作香桃木葉子的萃取物，做成帶有清涼感的香草水。噴灑在口罩上能夠發揮良好的放鬆效果。

Potpourri
噗噗莉

半乾燥噗噗莉的特色是香氣持久。在容器底部放入粗鹽，依序疊上玫瑰花瓣→粗鹽→薰衣草→粗鹽→百里香，使其熟成。只要不斷補充花朵、香草和精油，香氣便能維持十幾年之久。

Dry Herbs
乾燥香草的應用方式

去除水分後顏色加深的花朵和葉子充滿韻味，帶有不同於新鮮香草的成熟風情。請務必也嘗試製作乾燥香草。

以歐根紗緞帶做點綴的薰衣草室內香氛。在花器中放入花藝海綿，再插入剪成約5cm的乾燥薰衣草便完成。

在蛋殼中放入乾燥噗噗莉做成的蛋形香球，是相當受歡迎的復活節裝飾小物。除了吊掛，擺在桌上也很漂亮。

從日本平安時代將香夾於書信中的「文香」獲得靈感，變化成西式風格的香氛卡。在信封型的袋子中放入乾燥噗噗莉再附上信紙，便是帶有香氣的精緻禮物。

Sachet
香包

右／只需要乾燥香草和布片就能做成的香包。此款香包的特色是呈現圓滾滾的束口袋型和可以吊掛。除了掛在衣架上放進衣櫃，發揮防蟲和芳香效果，也可以掛在門上或當成裝飾品擺在室內，使用方式隨心所欲。
中／只要準備喜歡的布料和緞帶，便能做出全世界獨一無二的香包。也可以把首字母繡在袋子上。
左／裡面裝了乾燥香草的沙包風格香包。綴滿可愛小花圖案的布料讓香包充滿時髦感！只要放進盒子裡就很適合拿來送禮。

Pomander
香球

香球一般是使用柑橘製作，但如果用院子裡結實的柳橙或蘋果來做，就會變成像這樣小巧可愛的香球。香球和Tussie Mussie一樣，都是用來驅魔和消災解厄的護身符，在歐洲，人們至今仍有在聖誕節和新年時交換香球作為禮物的習俗。插滿果皮表面的丁香有強大的殺菌、抗菌效果，據說可以讓水果好幾年都不會腐壞。

Contents

香草植物栽培筆記

圖解50種經典香草的種植&應用

TeaTime

新手也不易失敗的
入門款香草10

愈長愈茂盛的
一年生草本香草12

每年都能採收的
多年生草本香草19

毋須費心照顧的
常綠&木本香草9

樂趣加倍的香草栽培

香草栽培的10個基本知識

本書使用說明

本書將介紹50種只要提到香草，任誰都會立刻想到的常見香草。不只是栽種方法的重點，也將仔細解說香草的應用方式。除了從園藝的角度去欣賞香氣和花色，也能以生活中的用途來選擇是香草的一大魅力。

以 4 頁篇幅介紹 10 種入門款推薦給初次種植香草的人

以滿滿4頁篇幅充分介紹即使是園藝新手也能輕鬆栽培，用途廣泛的10種代表香草。

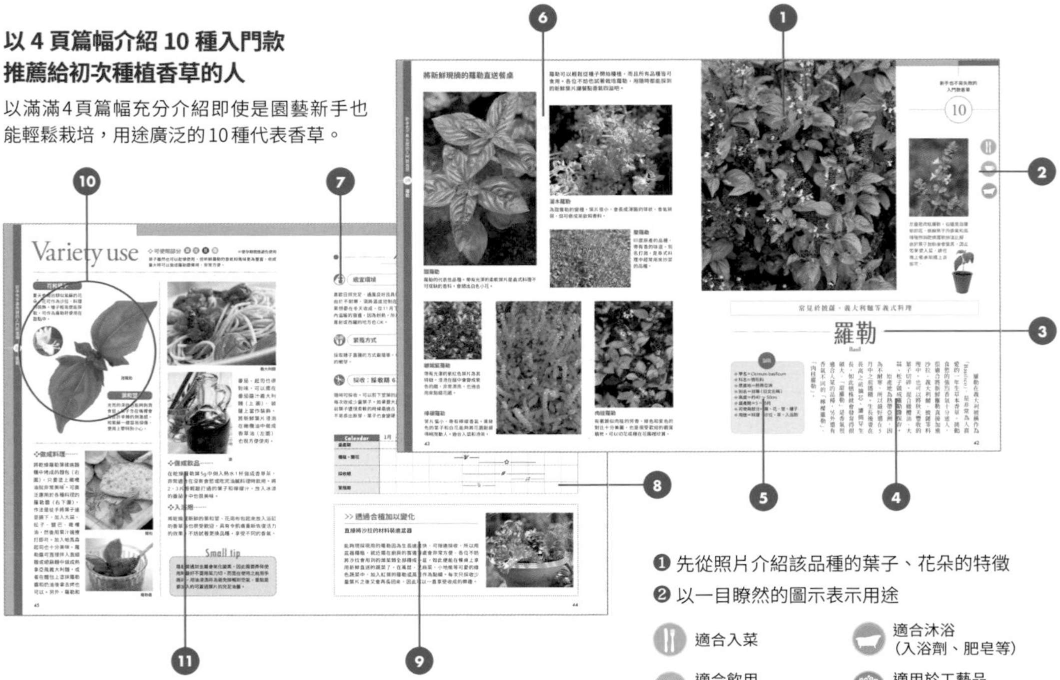

將 40 種人氣香草的魅力濃縮在 2 頁篇幅

依照「一年生草本」、「多年生草本」、「常綠＆木本」的分類介紹人氣香草。

❶ 先從照片介紹該品種的葉子、花朵的特徵

❷ 以一目瞭然的圖示表示用途

- 適合入菜
- 適合沐浴（入浴劑、肥皂等）
- 適合飲用（茶、雞尾酒等）
- 適用於工藝品（噗噗莉、蠟燭等）
- 適合美容、藥用（化妝水、護手霜等）

❸ 標記一般所知的品種名稱和英文名稱

❹ 本文會針對豐富你我生活的香草的魅力進行解說

❺ 刊載原產地、高度等植物資料。盛產期是指市面上出現大量健康幼苗的「當令時期」。溫室栽培的苗不包含在內

❻ 搭配照片解說與10種入門款同類之眾多植物的特徵

❼「Taking care」中統整了栽種時需要注意的各類事項

❽ 盛產期、適合種植期、開花期、採收期、繁殖期等，使用圖示以年曆的形式進行介紹

盛產期	幼苗大量上市
種植、開花	植苗　播種　開花　種植球根
採收期	花　葉、莖　果實（種子） 球根　根
繁殖期	分株　扦插、芽插　播種 球根分球　走莖

❾ 小專欄中提供了使用該香草來豐富園藝景觀的建議

❿ 說明可使用部分及其用途。明確記載可食用部分，以及對身體有害的不可食用部分

⓫「Variety use」中挑選了幾個該香草的應用方式。也會刊載建議各位務必嘗試看看的食譜

※ 資料、栽種方式的重點、年曆主要是針對代表性品種進行解說。

將香草作為藥用時，請務必在專科醫師的指示下使用。由於有些香草並不適合過敏體質、懷孕婦女、高血壓患者、慢性病患者使用，因此請格外留意。

香草、芳香療法專門店「生活之木」傳授

自家栽培香草應用法

只要有新鮮現摘的香草，
就能透過各種方式讓生活滿溢芬芳。
為了避免「採收了好多卻不知如何使用！」的情況，
以下將傳授隨時都能輕鬆享用的「芳香指南」。
請盡情使用茂盛生長的香草，
親身體驗香氣帶來的幸福感！

使用大量現摘香草的

新鮮香草茶

香草採收下來後，最方便享用的方式就是做成香草茶。
只要在現摘的香草中倒入溫熱水即可。迷人的新鮮香氣是使用乾燥香草所品嚐不到的。由於很多品種的生長力都很旺盛，因此能儘管大量使用。

以綠薄荷×蘋果薄荷學會泡出美味的香草茶吧

現摘香草帶有沉穩且充滿生氣的香味。靜靜等待茶湯變色、散發香氣的過程也令人備感幸福。

Step 1 準備大量葉片！

這是各10g的分量。約20g的香草可泡出2個茶杯的量。

綠薄荷

蘋果薄荷

新鮮香草的重量和香氣濃烈程度會隨季節和天氣冷暖的差異、早上或傍晚採摘、澆水前或後採摘而異，因此分量僅供參考。以乾燥香草取代時請準備新鮮香草約1/3的量。

Step 2 清洗乾淨後撕碎

摘除粗莖和有損傷的葉片。如果很小也可以連莖一起使用。稍微水洗瀝乾後撕碎。

Step 3 將熱水倒入香草中

先放入香草，再從上面緩緩地倒入熱水。水量須約莫蓋過葉片。

Step 4 悶泡3～5分鐘

蓋上蓋子，悶泡3～5分鐘。如果泡太久顏色會混濁，香氣也會消失，必須特別留意。

檸檬香茅×胡椒薄荷

使用香氣類似檸檬的檸檬香茅，並搭配清爽的胡椒薄荷。推薦在吃完肉類料理等油膩食物後飲用。

甜馬鬱蘭×檸檬百里香

有助消化的甜馬鬱蘭，搭配上帶有檸檬調香氣的檸檬百里香。適合在想要提神醒腦時品嚐。

天竺葵×迷迭香×檸檬香桃木

檸檬香桃木的香甜檸檬氣味和天竺葵能使人心情平靜。迷迭香和天竺葵這個組合的特色是只要時間一久，茶湯就會變成漂亮的粉紅色。

香蜂草×薰衣草

使用能讓心情平靜的薰衣草和香蜂草。沉穩香氣和淡淡甜味令人放鬆。

這種時候就來這一杯

想要放鬆時

德國洋甘菊、檸檬馬鞭草、薰衣草、香蜂草、檸檬香桃木、天竺葵、薄荷

想要提神醒腦時

迷迭香、薄荷、百里香、香蜂草、檸檬香茅、羅勒、奧勒岡

喉嚨痛時

德國洋甘菊、金盞花、鼠尾草、百里香、奧勒岡

想要促進消化時

迷迭香、薄荷、檸檬香茅、百里香、鼠尾草、羅勒、茴香

超方便小技巧！

以香草入菜

只要撕碎加入，就能為料理製造出香氣濃郁且充滿新鮮感的印象。除了可以期待發揮其本身的功效，清新的香氣還能促進食慾，讓用餐時光更顯豐富美好。只不過很重要的一點是，使用前必須仔細確認該香草是否適合食用。另外，也有些香草並不適合在懷孕期間食用。以下介紹幾道應用香草的簡單食譜。

混合香草

經典法式香草 Fines herbes

這是在法式料理中經常使用的新鮮香草碎。非常推薦各位這個組合。除此之外，有時也會加入義大利香芹、蒔蘿等。

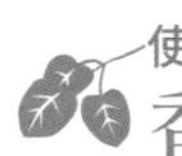

使用混合香草①

香草奶油

只要抹在烤得酥脆、熱呼呼的麵包上就非常美味。不僅外觀時尚，多層次的風味也很適合搭配葡萄酒享用。

材料

混合香草…2大匙
奶油（有鹽）…100g
（事先回復至室溫）

作法

將混合香草仔細拌入於室溫軟化的奶油。用麵包或麵包脆餅沾取享用。

使用混合香草②

香草淋醬

紅黃彩椒搭配香草的鮮豔色彩，為一成不變的沙拉增添新意。這道料理完整呈現出香草的豐富香氣。

材料【2～3人份】

A
- 橄欖油…6大匙
- 檸檬汁…2大匙
- 黑胡椒…適量
- 鹽…適量

混合香草…1大匙
洋蔥（切末）…1/4顆
彩椒（紅、黃。切末）…各1/4顆

作法

混合A，加入混合香草。
放入洋蔥、彩椒混勻。
淋在沙拉上享用。

新鮮鼠尾草漢堡排

鼠尾草有去除肉腥味的效果，非常適合搭配漢堡排。其獨特的苦味可以提引出肉的鮮味。可依個人喜好放上香草奶油，美味更升級！

材料【2人份】

鼠尾草（新鮮。切末）…4片
洋蔥（切末）…1/4顆
麵包粉…20g
牛奶…1大匙

A
- 絞肉…200g
- 蛋液…1顆
- 橄欖油…1小匙
- 鹽、胡椒…各適量

B
- 紅酒…3大匙
- 醬油…2大匙
- 砂糖…1大匙
- 大蒜（圓片）…1瓣

作法

❶ 在碗中放入洋蔥、鼠尾草、吸收牛奶的麵包粉、A，確實混合均勻。

❷ 將❶分成4等分，捏成橢圓形。在平底鍋中倒油（分量外）加熱，以中小火慢慢地將兩面煎熟後盛盤。將B加入剩餘肉汁中熬煮成醬汁，淋在漢堡排上。依個人喜好添上搭配的蔬菜。

奧勒岡風味起司棒

只需將奧勒岡夾在派皮中扭轉即可。改用羅勒、迷迭香也很適合。
還可以嘗試做成肉桂糖等不一樣的口味。

材料【2～3人份】
奧勒岡（新鮮）…4枝
冷凍派皮…2片
（事先回復至室溫）
鹽…適量
起司粉…1小匙

作法
將奧勒岡撕碎只留下葉子。將派皮分成3等分，撒上鹽、起司粉，擺上奧勒岡。將派皮扭轉成螺旋狀。在電烤箱中鋪鋁箔紙，排放派皮。一開始的10分鐘用鋁箔紙覆蓋，剩下的5分鐘拿掉鋁箔紙烤成金黃色。

（各種料理適合的香草）

肉類料理適用的香草	魚類料理適用的香草	沙拉適用的香草
迷迭香、羅勒、鼠尾草、百里香、奧勒岡、芫荽等	迷迭香、茴香、芫荽、蒔蘿、義大利香芹、百里香、細香蔥等	芝麻菜、西洋菜、峨蔘、茴香、龍蒿、小地榆、義大利香芹、羅勒等

活用自家栽培的香草

室內香氛

只要噴一下，便能享受清新香草氣味的室內香氛，以及使用散發淡淡香氣的噗噗莉製作的香薰瓶。碳酸氫鈉、無水酒精、純水這些材料都能在藥局或材料行買到。乍看好像很困難，但其實準備好材料之後只需攪拌就能輕鬆完成。除了在自家玄關、臥室使用外，還可以擺在辦公桌上等處，不妨試著應用在日常生活的各個角落。

（乾燥香草的製作方法）

使用微波爐

在盤子上鋪廚房紙巾，盡可能將香草平放在上面不要重疊。以500W的微波爐加熱60秒。

吊掛

摘下髒汙或有損傷的葉子，用夾子各夾住些許部分，掛在通風良好處。乾燥到沒有水分即完成。

用精油增添香氣

碳酸氫鈉＋噗噗莉的香薰瓶

如果想要消除異味，建議可使用碳酸氫鈉＋噗噗莉讓凝滯的空氣變得清新。只要放入喜歡的容器中，擺在鞋箱或衣櫥裡，即可美化點綴居家空間。

材料

碳酸氫鈉…200g
迷迭香（乾燥）…2～3枝
胡椒薄荷（乾燥）…5～6枝
迷迭香（精油）…10滴
胡椒薄荷（精油）…10滴

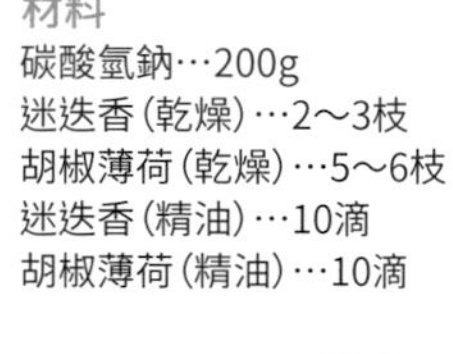

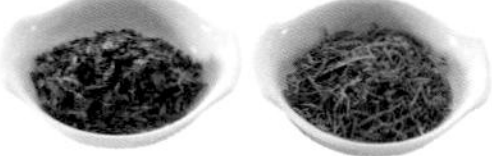

作法

先製作乾燥香草。在碳酸氫鈉中放入香草，然後一邊慢慢地滴入精油，一邊充分攪拌碳酸氫鈉和香草。

用香草酊劑製作
檸檬香茅香氛噴霧

酊劑是以酒精為溶劑製作的植物萃取物。除了伏特加外，也可以用酒精濃度高、沒有強烈氣味的酒類取代。

●製作香草酊劑

材料
伏特加…100ml
檸檬香茅…適量

作法
在玻璃容器中放入伏特加和新鮮的檸檬香茅，浸泡約2週做成香草酊劑。

●製作香氛噴霧

材料
檸檬香茅酊劑…約50ml
純水…50ml
廚房紙巾1張、茶篩、玻璃容器、燒杯、玻璃攪拌棒、噴霧瓶

作法

❶將茶篩裝入玻璃容器，然後疊上廚房紙巾，過濾香草酊劑。

❷用燒杯量出50ml的❶。倒入純水，用玻璃攪拌棒混合均勻後移至噴霧瓶中。

用香草茶製作
鼠尾草香氛噴霧

馬上就能用香草茶和無水酒精做好的香氛用品。鼠尾草被認為具有殺菌作用，非常適合做成香氛噴霧。清新的香氣能令心情煥然一新。

材料
香草茶（鼠尾草）…90ml
無水酒精…10ml
燒杯、玻璃攪拌棒、噴霧瓶

作法
❶ 將香草茶倒入燒杯中冷卻。加入無水酒精，用玻璃攪拌棒混勻。

❷ 裝進噴霧瓶中。

親手製作更安心！

芳香護膚保養品

像是促進血液循環及具有殺菌、保濕、軟化肌膚的作用等，香草內有許多成分都對美容有益，請務必嘗試將香草加入手邊的護膚用品中。舒服的香氣可提升護膚效果，讓人感到放鬆療癒。只不過，肌膚敏感的人請在使用前塗抹少量於手腕內側，並靜置24～48小時進行貼膚測試。若發生搔癢等症狀就請停止使用。

有益美容的香草

薰衣草

用花朵的萃取液可做成潤絲精、入浴劑、化妝水。除了有發汗、殺菌作用，還能幫助調節皮脂分泌。

迷迭香

可做成化妝水、潤絲精。具緊實肌膚和促進頭皮血液循環的效果。

玫瑰天竺葵

可用葉子做成入浴劑。含有和玫瑰相同的成分，可促進女性荷爾蒙發揮作用。也有調節肌膚皮脂分泌的效果。

洋甘菊

利用萃取液做成入浴劑、潤絲精、化妝水等。有助頭髮強韌有光澤。

金盞花

可修復、保護肌膚，並具有消炎作用。

玫瑰果

富含維他命，具有幫助肌膚修復、再生的效果。

新鮮與乾燥香草的合奏

薰衣草沐浴鹽

用香草好好享受一天之中最放鬆美好的沐浴時光。漂浮在浴缸裡的薰衣草光看就讓人感到療癒。

作法

將薰衣草撕成3～4cm的長度，混入天然鹽中，再慢慢地滴入精油並同時攪拌。

材料【4次份】
薰衣草（新鮮）…2～3枝
天然鹽…200g
薰衣草（精油）…15～20滴

使用MP皂即可輕鬆完成！

繽紛香草皂

MP皂是一種只需融化再製即可的皂基。只要加入喜歡的香味，便能完成專屬的自製肥皂。

材料&工具

A
- MP皂…150g　荷荷芭油…適量
- 玫瑰果（乾燥。切細）…2g
- 天竺葵（精油）…15滴

B
- MP皂…150g　荷荷芭油…適量
- 歐芹（乾燥。切細）…2g
- 胡椒薄荷（精油）…15滴

微波爐用耐熱容器、玻璃攪拌棒、塑膠容器（肥皂模型）

作法

❶ 用A的材料製作紅色肥皂。在肥皂模型的內側塗抹荷荷芭油。將MP皂切成骰子狀放入耐熱容器中，觀察狀態同時以500W的微波爐每次加熱10秒使其融化。放入乾燥的玫瑰果和天竺葵精油，用玻璃攪拌棒混合。

❷ 將❶的肥皂液倒入模型中，並在室溫下靜置大約1天，凝固之後即可完成。以相同方式，用B的材料製作綠色肥皂。

— 製作、監修 —

生活之木

長谷川麻美

在提倡讓香草融入日常的「香草生活」的香草、芳香療法專門店「生活之木」，擔任藥草講座及手工肥皂講座的講師。

使肌膚保濕滑順

金盞花護手霜

將乾燥花浸泡在植物油中約2週做成金盞花油。只要和蜜蠟結合，即便是乾荒粗糙的手部肌膚也能變得滑順。

材料&工具

蜜蠟…5g
金盞花油…25ml
安息香精油…2～5滴
玻璃攪拌棒、可以遮光的保存容器（直徑大約4cm）、香薰加熱器

作法

❶ 將蜜蠟和金盞花油放入香薰加熱器中加熱。待蜜蠟融化後滴入精油，用玻璃攪拌棒混合。

❷ 將❶倒入保存容器，在室溫下冷卻凝固。

Mint
Chamomile
Thyme
Rosemary
Basil

    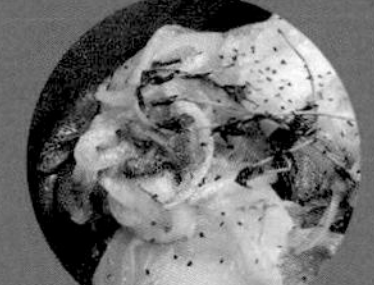

Lavender
Sage
Oregano
ScentedGeranium
Yarrow

新手也不易失敗的
入門款香草

10

介紹10種即便是「現在想開始嘗試種植香草」的人
也能輕鬆享受栽培到收成的樂趣，而且非常方便使用的人氣香草，
讓新手也能充分體會「自己栽種自己用」的香草魅力。
品種的變化和應用方式也很多樣，
各位不妨就先從這裡開始吧！

●「栽種方式的重點」的「種植」是介紹最適合新手的簡單方法。使用其他方法也能繁殖者會在「繁殖方式」進行解說。另外，播種時期是記載於年曆中的「種植、開花」、「繁殖期」。

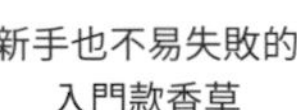

生命力旺盛到能夠在帶有適度濕氣的土地上化為野草，鮮豔的綠色令花園顯得水嫩清新。觸碰到葉子便會散發出清爽香氣。

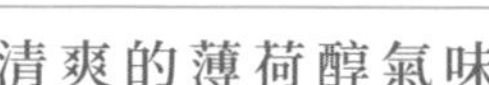

清爽的薄荷醇氣味

薄荷

Mint

薄荷是最普遍用來裝飾料理、甜點、點心的多年生草本香草之一。經常用於口香糖等點心類及化妝品的清涼芳香，是源於薄荷特有的成分薄荷醇。消化不良時或感冒初期，只要用10片左右的新鮮薄荷葉和熱水泡成一杯薄荷茶飲用，很快就會感到舒服許多。

想要讓茶飲或料理散發清新香氣，建議使用「綠薄荷」或「胡椒薄荷」。除此之外，還有帶有水果香甜氣味的「蘋果薄荷」、葉子帶有斑紋可作觀賞之用的「鳳梨薄荷」等等。

DATA

- 學名＝Mentha spp.
- 科名＝唇形科
- 原產地＝北半球溫帶地區、非洲
- 別名＝Hakka（日文名稱）
- 高度＝約10～100cm
- 盛產期＝4～6月、9～10月
- 可使用部分＝葉、花、莖
- 用途＝料理、沙拉、點心、茶、入浴劑、美容、噗噗莉

推薦給新手的好種香草

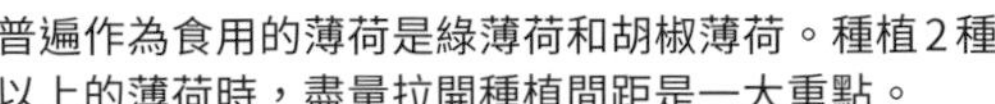
普遍作為食用的薄荷是綠薄荷和胡椒薄荷。種植2種以上的薄荷時，盡量拉開種植間距是一大重點。

綠薄荷

最普遍的品種。風味柔和，泡成的茶飲非常順口。也適合用來裝飾甜點和蛋糕。

薰衣草薄荷

具匍匐性，會開出類似紫色薰衣草的花。香氣清涼，可做成沙拉、噗噗莉等。

山薄荷

雖然並非薄荷屬，但因花和葉子的香氣類似薄荷而得其名。使用方法和薄荷相同。

野薄荷

用來製作口香糖和糖果，清涼爽快的薄荷氣味帶有刺激性。會開白色的花。

蘋果薄荷

散發薄荷味和蘋果的香甜氣味。也常用於製作魚類和肉類料理、醬汁、醋。

鳳梨薄荷

蘋果薄荷的斑葉種。一旦長出沒有斑紋的莖，最好就要提早剪下來。帶有混合鳳梨和蘋果的香氣。

胡椒薄荷

葉子呈深綠色，帶有強烈的薄荷醇氣味。哺乳期和幼兒應避免使用。

唇萼薄荷

又稱為普列薄荷，帶有強烈的薄荷氣味。放入寵物項圈內有除蚤效果。

Taking care

適宜環境

全日照或半日照，通風良好的場所。喜歡排水順暢，具保水性的土壤。由於繁殖力旺盛，地下莖會四處延伸，導致有時會令周圍的植物枯萎，因此需在土中放入隔板（深30cm左右）。

繁殖方式

由於從種子開始種植的話香氣可能會有落差，因此最好以芽插或分株方式繁殖。剪下約10cm的枝，摘掉下半部的葉子後插入新鮮土壤中，或於生長期插入水杯中，如此便容易發根。

採收：採收期3～11月

可於春天～秋天採收。主要使用葉子。花開完之後葉子就會變硬，所以最好在開花前採收。如果不採收，也要將枝條適度修剪成10～20cm左右塑型。

栽種方式的重點

種植 —— 於春秋進行。若是地植，要在全日照或半日照、排水順暢且具保水性的場所，取約30cm的株距種植。如果是盆植，因薄荷繁殖力強，故要選擇較大的盆器。播種栽種的香氣和成分會產生落差，因此建議從苗開始栽培。

供水 —— 若是土壤表面乾燥便要施予充足水分。喜歡潮濕的土壤，不耐高溫和乾燥。尤其夏季或採盆植時，要小心土壤完全乾燥以致枯萎的狀況。

肥料 —— 種植時要以緩效性肥料作為基肥。雖然幾乎不需要追肥，但春秋的生長期和開花後要施予緩效性肥料或液肥，以促進新芽生長。施予過多含氮量高的肥料會使得風味下降，須特別留意。

病蟲害 —— 植株衰弱或炎夏時一整天曝晒在陽光下就有可能罹患銹病，須特別留意。這種疾病一旦發生就要整株處理掉。

每日照顧 —— 由於不耐多濕環境，梅雨來臨之前最好進行修剪，以保持良好通風。如果是盆植，只要在根系過於龐大時整理老舊的根並適度地換盆，就能一直採收新鮮的葉子。

Calendar	1月	2月	3月	4月	5月	6月	7月	8月	9月	10月	11月	12月
盛產期												
種植、開花												
採收期												
繁殖期												

>>聚集盆栽加以變化

任何植物都能自由搭配的合盆

薄荷雖然體質強健、容易種植，有時卻也會因為長得太茂盛、根很容易四處延伸而讓周圍的植物枯萎。只要1盆只種1個品種，然後和其他植物擺在一起，就能輕鬆享受美好綠意而不需要顧慮各品種的性質；進行修剪、換盆等養護工作時也會容易許多。和薰衣草、櫻桃鼠尾草這類香草合盆，打造芳香迷人的小天地也是個不錯的選擇。只不過薄荷彼此容易雜交，因此最好避免在附近擺放不同品種。

Variety use

❖可使用部分 葉 花 莖

葉子無論新鮮還是乾燥皆可使用。每個品種的香氣各有不同，可依自己對香氣的喜好分開使用。

花

往上延伸綻放的薄荷花。主要用於切花、插花、甜點的裝飾，會在快要開花前連莖一起採收。

胡椒薄荷

葉和莖

只要開始開花，帶有薄荷香氣的葉和莖就會變硬，須特別留意。做成茶飲時會連莖一起，或是用手將葉子撕碎使用。

❖做成料理……

冰淇淋

如果想要為冰淇淋增添香氣，可以在水100ml中加入乾燥薄荷葉5g，以小火煮約2分鐘後使用過濾後的浸泡液。作為配料時，可以選擇前端的小葉子當成裝飾（右圖）。除此之外，也很適合當成蛋糕的裝飾和搭配水果。加入浸泡液的果凍、巴巴露亞、雪酪也是適合夏天享用的清爽甜點。另外和餡蜜等日式甜點也很對味。

❖做成飲品……

薄荷茶

加入適量新鮮薄荷葉的薄荷茶（右上圖）清爽順口，是最受歡迎的香草茶之一。假使在意剛採收下來的青草味，只要乾燥後放入保存瓶中靜置約1個月，味道就會變得柔和。如果搭配檸檬香茅、迷迭香就可以做成極具提神醒腦效果的調和茶。炎炎夏日可以將薄荷茶結凍做成冰塊加進飲料中享用。

❖做成噗噗莉……

香包

葉子和莖要在快開花之前從根部剪下，置於通風良好處乾燥。薄荷乾燥後香氣幾乎不會改變，因此可以做成噗噗莉長時間享受芬芳的氣味。收成量大時可以縫製成香包（上圖）。只要事先在反面做出開口，就能輕鬆更換內容物。

❖入浴用……

將新鮮或乾燥的葉子、花放進浴缸便可當作入浴劑。也可以倒入泡得比較濃的茶。除了有放鬆效果，還能抑制身體的汗臭味。

Small tip

薄荷擁有的清爽香氣也有除臭和殺菌的效果。可以將乾燥薄荷裝進布袋後放在鞋子裡。另外，置於容易產生臭味的鞋櫃、廁所當作除臭劑使用也很方便。

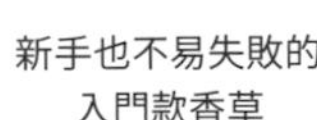

新手也不易失敗的
入門款香草

10

當花蕊部分開始隆起便是適合採收的時期。從開始綻放到完全盛開，每一天都能欣賞到花朵不同的面貌。帶有蘋果般香甜清新的氣味。

楚楚可憐的美麗白花

洋甘菊

Chamomile

DATA

- 學名＝Chamaemelum nobile
- 科名＝菊科
- 原產地＝歐洲～亞洲
- 別名＝加密列（日文名稱）
- 高度＝約40～50cm
- 盛產期＝3～6月、9～10月
- 可使用部分＝葉、花、莖
- 用途＝點心、茶、入浴劑、噗噗莉、染色、化妝水、潤絲精

這款香草有著白色花瓣和色調柔和的黃色花蕊，種在無精打采的植物旁邊能使其恢復元氣，因此又被稱為「植物醫生」。使用花朵部分製作、帶有蘋果般香氣的茶飲很受歡迎，獨特的香甜氣味深受所有人喜愛。具有鎮靜作用和放鬆效果，失眠時飲用可使心情平靜下來。

做成茶飲的主要是一年生草本的德國種，多年生草本的羅馬種則除了花之外，葉子和莖也都帶有香氣，而且因為會橫向發展，所以最適合作為帶有香氣的草坪或地被植物。亦可用於入浴劑和染色。

有「大地的蘋果」之稱的可愛花朵

羅馬種為多年生草本，德國種為一年生草本，不過因為自然掉落的種子即可繁殖，所以每年都能見到兩者的身影。盛開時，周遭一帶都會瀰漫香甜的氣味。

德國洋甘菊

［學名］*Matricaria recutita*

體質強健又好種的洋甘菊的代表品種。只有花朵帶有蘋果的芳香。主要使用花朵部分製成茶飲。一年生草本植物。

春黃菊

［學名］*Anthemis tinctoria*

高度約20～100cm的多年生草本植物。5～10月會開黃色或白色的花。適用於香草染、乾燥花。葉子有刺激氣味。

羅馬洋甘菊

［學名］*Chamaemelum nobile*

高度約40cm的多年生草本植物。整株都有蘋果的香氣。適用於茶、入浴劑、染色、庭院的地被植物。

Taking care

適宜環境

喜歡日照充足、通風良好的場所。不耐高溫和乾燥，因此需要遮光以避免曝晒在盛夏的直射陽光及暖地的午後陽光下。如果是盆植，冬季可在有陽光照射的屋簷下過冬。地植則必須在植株底部加上覆蓋物。

繁殖方式

以播種或芽插方式繁殖。因具耐寒性，秋天播種會長得比較大株。德國種若是長得龐大，有時也會透過自然掉落的種子繁殖。芽插是從春天到夏天採約10cm的嫩芽插入，只要給予充足水分便會生根。

採收：採收期3 ～ 6月

摘取在開花期綻放的花朵部分。採收時間以天氣晴朗的上午為佳，選擇開始綻放的2、3天後，中心的黃色花蕊部分隆起的花進行採收。

栽種方式的重點

種植 —— 在春天或秋天的彼岸（春分或秋分的前後3天）時節，於日照充足、通風良好處播種。因為種子細小，建議放在舊明信片等上散播，再覆上薄薄一層土。冒芽之後邊種邊進行間拔，等到長成6、7cm的高度便可定植。若是盆植，須加大株距以保持良好通風。

供水 —— 每天施予一次充足水分。尤其是盆植須特別留意缺水、乾燥的問題。

肥料 —— 種植時要以緩效性肥料作為基肥。雖然幾乎不需要追肥，但初夏的生長期要施予緩效性肥料或液肥，以促進新芽生長。施予過多含氮量高的肥料會讓葉子長得很茂盛，花卻變少，須特別留意。

病蟲害 —— 高溫乾燥期和初春時冒出的新芽、花蕾部分容易出現蚜蟲，須特別留意。如發現蚜蟲應適度捕殺。

每日照顧 —— 夏天因為容易悶熱，需要從根部去除或修剪過度橫向發展的莖和太茂盛的葉子，以保持良好通風。以盆植來說，如果根系過於龐大就要在梅雨來臨前換盆。

Calendar	1月	2月	3月	4月	5月	6月	7月	8月	9月	10月	11月	12月
盛產期			—	—	—	—			—	—		
種植、開花			—	—					—	—		
			—	—					—	—	—	
				—	—	—						
採收期				—	—	—						
			—	—	—	—						
				—	—	—	—					
繁殖期			—	—					—	—		
					—	—						

>> 利用共生植物加以變化

結合會對彼此帶來良好影響的植物

洋甘菊能使種在旁邊的衰弱植物恢復元氣，堪稱是共生植物的代表。另外，據說也能增加洋蔥、白菜、高麗菜這類蔬菜的風味。洋甘菊和迷迭香、鼠尾草能夠彼此發揮防蟲作用，薄荷則能讓洋甘菊的香氣更加迷人。由於即便是自然掉落的種子也能繁殖，根系的延伸力也很強，因此如果要在有限空間內種植，會建議採取盆植的方式。只要擺在附近便能聞到濃郁香氣。

Variety use

❖可使用部分 葉 花 莖　※懷孕期間應避免使用

除了做成帶有蘋果風味的茶飲、甜點的裝飾外，也可以將其可愛的花朵直接加以運用。

花

白色花瓣和黃色花蕊的對比既可愛又美麗。只要用手一摘，就能輕易將花朵取下。請別錯過香氣最濃郁的時期。

葉和莖

葉和莖既柔軟又具有韌性。多年生草本的羅馬種連葉子都帶有蘋果香氣。在英國，人們會將其用來取代草皮，只要用腳踩踏，舒服的香氣便會瀰漫四周。

德國洋甘菊

洋甘菊調和茶

❖做成飲品……

食慾不振、消化不良、難以入睡時，建議飲用以新鮮或是乾燥花朵製成的香草茶（左圖）。1杯可以放入7～8朵鮮花。盡量在上午摘取剛綻放的芳香花朵，然後平放在廚房紙巾或篩網上，使其乾燥。德國種的味道會比羅馬種來得柔和。只要使用現摘的新鮮花朵，泡出來的茶就會更加芳香美味。

❖入浴用……

作為入浴劑使用時，可以用布包覆新鮮的葉子和花，或是在5g的乾燥花中倒入1杯熱水後過濾做成浸泡液，放入浴缸內。除了可望發揮放鬆效果，還能舒緩乾荒粗糙的肌膚。浸泡液不僅可做成賦予頭髮光澤的潤絲精，也能當成化妝水使用。在肥皂中混入乾燥花，並以帶莖的花朵作為裝飾的香草皂（上圖）也很受歡迎。

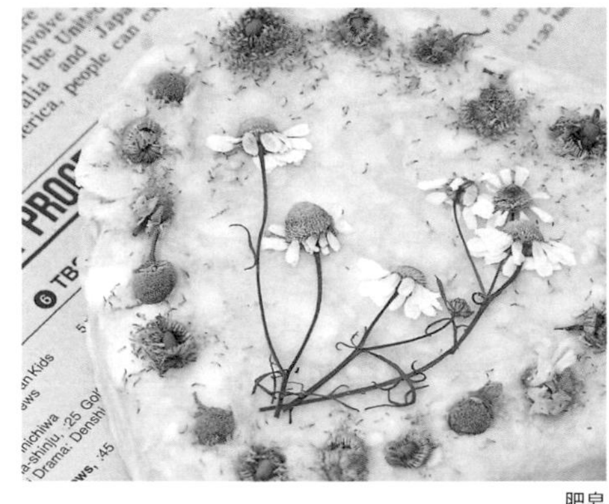

肥皂

噗噗莉

❖做成噗噗莉……

若想要收穫大量花朵，就要勤於採收接連綻放的花。做成乾燥花就能做出完整保留香甜氣味的噗噗莉（左圖）。做成香包放在枕頭旁也能發揮放鬆效果。

❖做成甜點……

只要在手工製作的起司蛋糕中混入少量較濃的浸泡液，或是讓風味轉移到材料的牛奶中，便能做出香氣十足的美味甜點。最後再添上新鮮花朵做裝飾（右圖）。

起司蛋糕

Small tip

當成入浴劑放入浴缸時，可以裝在內衣褲用的小型洗衣袋中會比較方便。除了直接漂浮在水中，也可以加上繩子掛在浴缸的水龍頭上。

新手也不易失敗的
入門款香草

10

小而厚實的葉片只要用手摩擦，便會散發出清涼的香氣。由於不耐悶熱，保持略微乾燥是重點。因為體積較小，最好連莖一起採收。

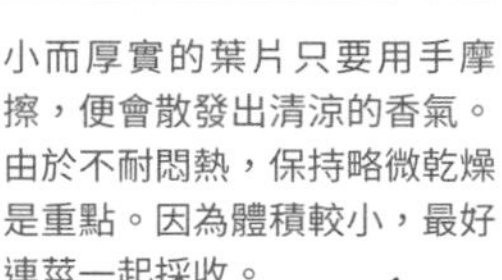

廚房必備的實用香草

百里香

Thyme

DATA

- 學名＝Thymus vulgaris
- 科名＝唇形科
- 原產地＝地中海沿岸
- 別名＝立性麝香草
- 高度＝約15～40cm
- 盛產期＝4月中旬～6月中旬、9月
- 可使用部分＝葉、花、莖
- 用途＝料理、點心、茶、入浴劑、噗噗莉

唇形科的多年生草本植物，可廣泛運用於茶飲、料理、入浴劑、噗噗莉。特徵是葉片細小密集且略帶厚度。春天會開出粉紅色或白色花朵。莖和葉中所含的百里酚除了有很強的殺菌力，也有滋補身體的作用，並且對支氣管疾病有療效；茶飲放涼後不僅可當成漱口水，在室內噴灑還能使空氣清新。

最方便使用的是「普通百里香」，不過帶有柑橘類香氣的「檸檬百里香」、有斑紋的「銀葉百里香」，以及具匍匐性、枝條下垂或覆蓋地面的「寬葉百里香」也能以相同方式使用。

每種的香氣各不相同

因為實用性高而且一旦扎根就會木質化，全年都能採收，所以非常推薦新手栽種。再加上花和葉子的色彩也很豐富，很適合用來點綴花圃。

[直立型]

普通百里香

葉片厚實，初夏時會開出小花。是最普遍的品種，非常適合作為香料使用。

檸檬百里香

帶有清爽的檸檬香氣。可取代檸檬，廣泛用於料理、茶飲、點心。

柳橙百里香

帶有類似柳橙的柑橘類芳香。除了用於雞肉料理和魚類料理，亦可為茶飲和點心增添香氣。

黃斑檸檬百里香

葉子邊緣呈黃色的檸檬百里香的園藝品種。帶有柑橘類香氣。合植時擺在前方能夠帶出明亮感。

銀葉百里香

帶有溫和的檸檬香氣。葉子邊緣呈白色，會開出淺桃紅色的花。可利用其獨特的葉色，為花圃或合植增色。

[匍匐型]

寬葉百里香

匍匐型的代表性品種。小花貼著地面盛放的模樣十分美麗。帶有和普通百里香類似的清爽香氣。

伊吹麝香草

因於滋賀縣伊吹山發現，且帶有麝香的氣味而得其名。會開出紫紅色的花。可作為香料的原料和入浴劑。

Taking care

適宜環境

喜歡日照、排水、通風良好的場所。雖然尤其耐熱和乾燥，卻不耐夏季的高溫多濕。由於也相較耐寒，因此無論在什麼地方都能長得很好。非常適合種在花圃的邊緣或岩石花園內。可於戶外過冬。

繁殖方式

採種容易，但一般會以扦插方式繁殖。採取分株法時如果植株很小就會變得衰弱，所以還是建議新手選擇扦插。扦插要避開盛夏時期，於春秋兩季進行。約20天左右便會發根。

採收：採收期 全年

葉和莖全年皆可少量採收。由於葉子細小，採收時會連莖一起剪下。若要進行乾燥，有時也會從植株底部開始收割。過冬之前植株較為脆弱，需要減少收成次數。

栽種方式的重點

種植 —— 於春秋兩季，種植在日照充足且排水良好的場所。取約20～30cm的株距定植。如果是地植，最好將根部堆高約10cm以保持良好的排水性。因為種子很小，所以要在苗床內混砂採取條播方式，再輕壓上土壤不要完全覆蓋。

供水 —— 因為喜歡乾燥，故須注意水分不可太多。若是盆植，要等到土壤表面乾了再給予充足水分。冬天因生長遲緩，要等到土壤表面乾燥的2天後再供水。

肥料 —— 種植時要在土壤中混入緩效性肥料。追肥的時機是初春到秋天，冬天則沒有必要施予。施予過多肥料會讓香氣減弱，須特別留意。

病蟲害 —— 幾乎沒有。

每日照顧 —— 健康長成植株之後就可以將葉子連莖一起採收。由於百里香討厭多濕環境，為了在梅雨來臨前加強通風，須收割整體的1/3左右。秋末時只要去除枯枝，將整體修剪到剩下一半，隔年春天便會長出健康的新芽。

Calendar	1月	2月	3月	4月	5月	6月	7月	8月	9月	10月	11月	12月
盛產期												
種植、開花												
採收期												
繁殖期												

>>運用香氣加以變化

刻意種在會被踩到的地方讓香氣飄散

百里香被用腳踩或用手揉過後會立刻散發出香氣。因此只要種在植栽空間的邊緣等會被踩到的地方，便能大大發揮這項特性。也可以將鋪地百里香當成地被植物，種滿踏腳石周圍。除了香氣外，初夏綻放的花朵和繽紛葉片的觀賞價值也很高，因此不只是香草花園，也很適合作為一般的植栽。看似柔軟又小巧的模樣也非常適合進行合植。

Variety use

❖可使用部分 葉 花 莖 ※懷孕期間應避免使用

略帶刺激性的風味非常適合當成香料入菜。是香草束和混合香草中不可或缺的必備香草。

花

淺粉色和深粉色小花齊放的模樣十分迷人。開花期是春天到初夏，花主要會做成噗噗莉和花環。

普通百里香

葉和莖

柔軟的葉尖部分隨時都能剪下入菜。如果只想在料理中加入葉子，只需要用手從前端輕輕一摘便能取下。

❖做成料理……

香草油要用橄欖油製作才美味。作法是將1～2根新鮮枝條放入瓶中，再倒入橄欖油。尤其和義式料理非常搭，無論是義大利麵、沙拉、油醋醬還是番茄料理，可以輕鬆運用於各種菜色。也很適合和奧勒岡、羅勒、大蒜混合搭配（右上圖）。將新鮮葉片揉一揉放進蜂蜜中也能提升風味。清爽的味道令人食慾大開（右下圖）。

油

馬鈴薯料理

使用於雞肉或海鮮類料理時，可以剪下幾根枝梢一起燉煮，或是用平底鍋、烤箱加熱以增添香氣。和馬鈴薯非常契合，很適合和洋蔥、起司一起用烤箱做成馬鈴薯料理（上圖）。

浴鹽

❖入浴用……

在天然鹽中混入葉片做成浴鹽。可以促進發汗，提升美容效果（左圖）。獨特的清爽香氣也很適合做成入浴劑，藉由香味提振身心。也可望對浴缸的水發揮殺菌作用。

❖做成飲品……

在杯中放入1～2枝後倒入熱水做成的香草茶，最適合在吃完油膩料理後用來清口。可消除胃脹氣，促進消化。另外，不僅可預防口臭，也可將冷掉的茶當成漱口水使用。

Small tip

百里香具有強大的殺菌效果，因此非常推薦把枝條浸泡在同樣具殺菌效果的醋中做成香草醋，再用水稀釋做成漱口水。亦可將稀釋過的液體裝進噴霧瓶，作為廚房清潔劑使用。

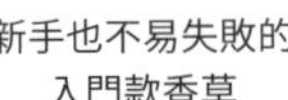

新手也不易失敗的
入門款香草

10

特徵是帶有會直衝鼻腔的清涼氣味。由於會分枝延伸，且植株會年年長大，因此最好要適度修剪和採收。使用盆器也能輕鬆栽種。

清新香氣十分宜人

迷迭香

Rosemary

具有只要觸摸便會散發香氣的特色，並且葉片類似富含精油的松葉。為在地中海沿岸野生的常綠灌木，以春秋兩季為主不定期開花。有莖筆直生長的直立型和往旁邊延伸的匍匐型，但兩者只是外觀不同，使用方式並無差異。

迷迭香有「回春香草」、「記憶香草」的別名，頭腦疲倦時只要折一段枝條嗅聞味道，整個人就會感到神清氣爽。因為有殺菌作用和緩解肌肉疲勞的效果，也經常被運用作為化妝品的原料和入浴劑。葉和莖非常適合用來消除肉類料理的腥味。

DATA

- 學名＝Rosmarinus officinalis
- 科名＝唇形科
- 原產地＝地中海沿岸
- 別名＝萬年草
- 高度＝約20～200cm
- 盛產期＝4～5月、9～10月
- 可使用部分＝葉、花、莖
- 用途＝料理、點心、茶、入浴劑、噗噗莉、化妝水、潤絲精、染色

根據空間挑選適合的種類

依性質分為直立型、半直立型、匍匐型這3種，但香味和使用方法皆相同。請配合栽種空間的大小選擇適合的種類。

[直立型]

莖筆直往上延伸的種類。因為不會往左右擴張，有些高度甚至可達2m。假使空間不足，最好不時適度地收割。

[半直立型]

葉片大小適中，非常適合入菜。會稍微往旁邊擴張，所以需要有足夠的空間。亦可使其纏繞在支柱上。

[匍匐型]

貼著地面延伸。高度低矮，葉子則偏小。種在有高低差的花圃邊緣，或是種在吊籃裡使其垂下會非常漂亮。

芬芳的花朵模樣清純

花朵偏小，顏色清淡。雖然說起來算是比較不起眼，但因為四季都會開花，而且每年都會開花好幾次，所以很適合用來為花圃增色。

白色

粉紅色

白×紫

淺紫

紫色

Taking care

適宜環境

喜歡日照充足、通風良好的場所。由於不耐冬季寒風，需要在不會吹到風且日照充足的屋簷下過冬。如果是在寒冷地區，最好用大盆器種植，夏天時連同盆器埋在戶外，冬天則移至室內或日照充足處。

繁殖方式

一般使用扦插方式繁殖，避開盛夏時期於春秋兩季進行。使用嫩枝或半木質化的枝條會比較容易生根。約20天左右便會發根。

採收：採收期 全年

種植2年後方可開始採收。葉子全年皆可少量採收，若枝條在生長期延展了，則最好連同枝條一起採收。只要保留一些下方的葉子，之後便會陸續長出新葉。

栽種方式的重點

種植 —— 喜歡日照充足、排水良好的場所。由於不適合整株移植，因此種植時須加大株距（60cm以上）以保留足夠的空間。為保持良好的排水性，最好將根部堆高一點。

供水 —— 保持略微乾燥是重點。如果是地植，除了盛夏外，其餘時間不給水也OK。若是盆植，要等到土壤表面乾了再給予充足水分。須注意不能澆太多水。

肥料 —— 種植時，要在土壤中混入少量緩效性肥料。因為在貧瘠的土地上也能長得很好，所以幾乎不需要追肥，但最好要對長了2、3年的植株施予混合油粕和骨粉的肥料。含氮量高的肥料會讓枝葉長得過於茂盛卻不易開花。

病蟲害 —— 幾乎沒有。

每日照顧 —— 過度延伸的枝條只要適度修剪，枝葉就會從旁邊延伸，長成渾圓隆起的形狀。雖然耐乾燥和炎熱，但是濕氣一重就容易悶熱，導致下方葉子枯萎，因此夏天時最好要修剪採收以利通風。

Calendar	1月	2月	3月	4月	5月	6月	7月	8月	9月	10月	11月	12月
盛產期												
種植、開花												
採收期												
繁殖期												

>> 為樹形增添變化

利用網格花架塑造成理想中的模樣

除了欣賞迷迭香天然的樹形和野生韻味外，也可以透過引導任意塑型。在盆器中插入喜歡的小型網格花架，然後用鐵絲固定枝條，就能打造出充滿玩心的綠雕塑。使用的迷迭香無論是匍匐型或直立型都OK。因為枝條老舊後會變硬，所以請趁還新鮮柔軟時塑型。只要讓整株都能照射到陽光，就能讓四季綻放的花朵顯得更加美麗。

Variety use

❖可使用部分 葉 花 莖 ※懷孕期間應避免使用

帶有強烈香氣和些許苦味，入菜時建議和其他香草混合並少量使用。

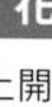

花

一根枝條上開了好幾朵花的模樣十分可愛。因為花朵是往下綻放，加上經常生長在海岸的懸崖上，所以有著意味「海洋之露」的學名。

葉和莖

葉片細長但厚實，用手觸摸會沾上少許油脂。正面為帶有光澤的綠色，背面則覆蓋著有如白色天鵝絨的毛。

❖做成料理……

餅乾

尤其適合搭配肉類料理。和烤豬肉、羊肉、雞肉也很對味。特有的香氣可消除腥味，再加上也有防腐效果，因此也推薦用來烹調、保存肉塊。可將新鮮迷迭香連同枝條一起入鍋，若是切碎後裹在肉上。摘取葉子時，要用手由上往下拔掉，但如果枝條很柔軟就可以和葉子一起切碎。切碎的葉子可以撒在炸馬鈴薯、義大利麵（右上圖）上，或是撒在烤魚上增添令人食慾大開的香氣。如果想要輕鬆享受迷迭香的香味，也可以做成香草油和醋來使用。除了料理外，也可以混在餅乾等點心中（上圖）。

義大利麵

❖做成噗噗莉……

葉子經過乾燥也不減香氣（左圖），因此即使做成噗噗莉或香包還是能保有清涼的芳香。只要隨身攜帶香包，想要提振精神時就能立刻轉換心情。也可以擺在廚房或有寵物臭味的地方。

乾燥後

❖用於美容……

泡澡時，可以將能促進血液循環的莖和葉放入浴缸，取代入浴劑。香草潤絲精的作法是在乾燥迷迭香葉5g中加入熱水100ml，之後在冷卻的浸泡液中加入少量蘋果醋。有令頭髮光澤柔順的效果。浸泡液做成的化妝水（下圖）也能使肌膚恢復健康狀態。

❖做成飲品……

在乾燥迷迭香葉5g中加入熱水200ml做成香草茶，感到頭部沉重倦怠時飲用可恢復元氣。

化妝水

Small tip

也很推薦將乾燥迷迭香葉做成香包，掛在車子的空調出風口附近。葉子特有的抗菌、防臭效果能夠消除車內異味，還可以在開車時提振精神。也可以和尤加利混合使用。

新手也不易失敗的
入門款香草

10

左邊是肉桂羅勒，右邊是甜羅勒的花。新鮮葉子的香氣和風味強烈到乾燥羅勒無法比擬。由於葉子加熱後會變黑，因此如果要入菜，請在端上餐桌前擺上去即可。

常見於披薩、義大利麵等義式料理

羅勒

Basil

羅勒在義大利被稱作為「Basilico」，是非常為人喜愛的一年生草本香草。挑動食慾的強烈香氣十分迷人，很適合將新鮮羅勒直接加進沙拉、義大利麵、披薩等料理中。也可以將秋天豐收的葉子切碎，混合橄欖油、大蒜、松子做成羅勒醬保存。

原產地為熱帶亞洲，因為不耐寒，所以最好選在5月中之前播種。生長後要在長高之前摘芯，讓側芽生長，如此植株就會發育得很碩大。「甜羅勒」是香氣很適合入菜的品種，另外還有香氣不同的「檸檬羅勒」、「肉桂羅勒」。

DATA

- 學名＝Ocimum basilicum
- 科名＝唇形科
- 原產地＝熱帶亞洲
- 別名＝目箒（日文名稱）
- 高度＝約40～50cm
- 盛產期＝5～8月
- 可使用部分＝葉、花、莖、種子
- 用途＝料理、沙拉、茶、入浴劑

將新鮮現摘的羅勒直送餐桌

羅勒可以輕鬆從種子開始種植，而且所有品種皆可食用。各位不妨也試著栽培羅勒，用隨時都能採到的新鮮葉片讓餐點香氣四溢吧。

甜羅勒

羅勒的代表性品種。帶有光澤的柔軟葉片是義式料理不可或缺的香料。會開出白色小花。

灌木羅勒

為甜羅勒的變種，葉片很小，會長成渾圓的球狀。香氣稍弱，但可做成茶飲和香料。

聖羅勒

印度原產的品種，帶有香的味道。別名打拋，是泰式料理中經常用來炒菜的品種。

皺葉紫羅勒

帶有光澤的紫紅色葉片為其特徵。浸泡在醋中會變成紫色的醋，非常漂亮。也適合用來點綴花圃。

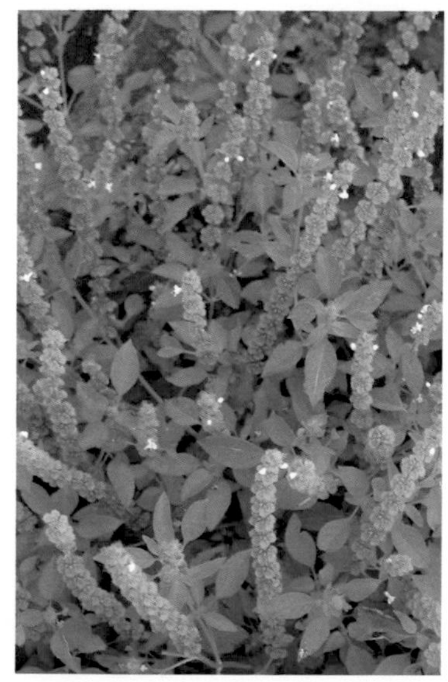

檸檬羅勒

葉片偏小，帶有檸檬香氣。黃綠色的葉子和白花能夠將花園點綴得明亮動人。適合入菜和泡茶。

肉桂羅勒

有著類似肉桂的芳香。綠色和紫色的對比十分美麗，也是很受歡迎的觀賞植物。可以切花或種在花圃裡欣賞。

Taking care

適宜環境

喜歡日照充足、通風良好且具保濕性的肥沃土壤。由於不耐寒，須將溫度控制在最低15℃以上。如果想要在冬天收成，從11月下旬開始就要移到室內溫暖的窗邊。因為耐熱，所以放在夏天會被陽光直射或西曬的地方也OK。

繁殖方式

採取種子直播的方式最簡單。也可以插入已經摘芯的嫩芽。

採收：採收期 6 ～ 10月

隨時可採收。可以剪下莖葉的前端同時摘芯，或是每次收成少量葉子。如果要大量採收。快要開花之前葉子還很柔軟的時候最適合。一旦開花就會變得不易長出新芽，葉子也會變硬，須特別留意。

栽種方式的重點

種植 —— 於5月至7月中旬左右，將種子散播在淺盆或箱子裡。土要盡可能薄薄地覆蓋上去，只要在發芽之前蓋上報紙便能防止乾燥。一邊間拔，一邊挑選健康的苗，然後取30～40cm的株距定植。

供水 —— 因不耐乾燥，必須注意不要讓土壤過乾。在光線較少的夜晚澆水會使其產生徒長的狀況，建議最好在白天給水。

肥料 —— 種植時要施予緩效性肥料作為基肥。追肥只要在生長期施予緩效性肥料即可。太過頻繁地施予速效性肥料會使香氣減弱，須特別留意。

病蟲害 —— 初夏到秋天這段期間容易為蚜蟲、蛞蝓、夜盜蟲所害。高溫多濕的梅雨季節容易罹患立枯病，缺乏日照則容易罹患灰黴病，須特別留意。

每日照顧 —— 長到約20cm的高度後只要摘芯順便採收，側芽就會生長，使得收成量增加。8月上旬時若加強修剪便會長出新芽。羅勒雖然不怕夏季酷暑卻不耐乾燥，因此夏天時最好用稻草或塑膠布覆蓋植株底部。

Calendar	1月	2月	3月	4月	5月	6月	7月	8月	9月	10月	11月	12月
盛產期												
種植、開花												
採收期												
繁殖期												

>> 透過合植加以變化

直接將沙拉的材料裝進盆器

能夠現採現用的羅勒因為生長速度快、可接連採收，所以用盆器種植，就近擺在廚房的窗邊等處會非常方便。各位不妨將沙拉會用到的葉菜類全部種成一盆，如此便能在餐桌上享用新鮮直送的蔬菜了。在萵苣、芝麻菜、小地榆等可愛的綠色蔬菜中，加入紅葉的羅勒或萵苣作為點綴。每次只採收少量葉片之後又會再長回來，因此可以一直享受收成的樂趣。

Variety use

❖可使用部分 葉 花 莖 種 ※懷孕期間應避免使用

葉子雖然也可以乾燥使用，但新鮮羅勒的香氣和風味更為豐富。收成量大時可以做成羅勒醬備用，非常方便。

花和種子

夏天會開出類似紫蘇的花朵。花可作為沙拉、料理的裝飾。種子輕易便能採取，可作為羅勒籽使用在甜點中。

甜羅勒

葉和莖

光亮的深綠色能夠刺激食慾。葉子含在嘴裡會有些許辛辣的刺激感。和紫蘇一樣容易損傷，使用上要特別小心。

❖做成料理……

將乾燥羅勒葉揉進麵團中烤成的麵包（右圖），只要塗上橄欖油就非常美味。可廣泛運用於各種料理的羅勒醬（右下圖），作法是徒手將葉子連莖摘下，加入大蒜、松子、鹽巴、橄欖油，然後用果汁機攪打即可。加入帕馬森起司也十分美味。羅勒醬可直接拌入直細麵或細扁麵中做成熱拿亞風義大利麵，或者在麵包上塗抹羅勒醬和奶油後拿去烤也可以。另外，羅勒和番茄、起司也很對味，可以擺在番茄醬汁義大利麵（上圖）、披薩上當作裝飾。將新鮮葉片浸泡在橄欖油中做成香草油（左圖）也很方便使用。

麵包

羅勒醬

義大利麵

油

❖做成飲品……

在乾燥羅勒葉5g中倒入熱水1杯做成香草茶，非常適合在沒有食慾或吃完油膩料理時飲用。將2、3片輕輕敲打過的葉子和檸檬汁，放入冰涼的番茄汁中也很美味。

❖入浴用……

將乾燥或新鮮的葉和莖、花用布包起來放入浴缸的香草浴也很受歡迎，具有令肌膚重新恢復活力的效果。不妨試著更換品種，享受不同的香氣。

Small tip

羅勒葉遇到金屬會氧化變黑，因此需要弄碎使用時最好不要用菜刀切，而是在使用之前用手撕碎。用油浸漬時為避免接觸到空氣，重點是要加入約可蓋過葉片的充足油量。

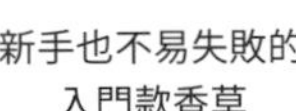

新手也不易失敗的
入門款香草

10

主要原產地為法國、義大利、西班牙等地中海沿岸地區。喜歡乾燥氣候，討厭高溫多濕的環境，因此必須注意種植場所。盆植也能生長良好。

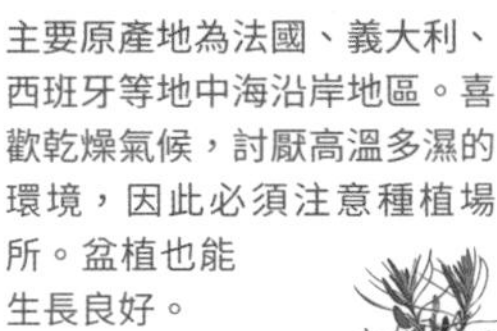

以紫色花田聞名的香草女王

薰衣草

Lavender

DATA

- 學名＝Lavandula spp.
- 科名＝唇形科
- 原產地＝地中海沿岸～非洲北部
- 別名＝——
- 高度＝約20～100cm
- 盛產期＝3～6月中旬
- 可使用部分＝葉、花、莖
- 用途＝點心、茶、化妝水、入浴劑、肥皂、噗噗莉

以整片盛開的紫色薰衣草花田聞名，並且因為用途多樣而有香草女王的稱號。帶有溫和的香甜氣味，花和葉子可作為茶飲、餅乾的裝飾，或做成噗噗莉和香包。花蕾中富含的精油成分的香氣有放鬆效果，在心情煩躁或失眠的夜晚嗅聞，可發揮穩定情緒及助眠的作用。種類大致分為4個品系：可萃取出優質精油的真薰衣草品系、花朵形狀特殊的法國品系、葉緣淺裂的葉子極富特色的齒葉品系、不耐寒且四季開花的羽葉品系。

紫色妖精般的花朵極富魅力

為了萃取精油而培育出許多品種。外型和生態的分類眾多，花朵的形狀和植株型態也是五花八門。請配合栽種環境選擇適合的品種。

蕨葉薰衣草（羽葉品系）

特徵是葉子如蕾絲般呈現淺裂葉緣。除了盛夏和隆冬外四季皆可開花。不具耐寒性，香氣稍弱。

西班牙薰衣草（法國品系）

花穗上方有苞片的模樣特殊。帶有清新的芳香。不耐寒。常做成乾燥花、入浴劑、噗噗莉。

狹葉薰衣草（真薰衣草品系）

最普遍的品種。香氣濃郁且富含精油成分，因此多用來作為香料。

齒葉薰衣草（齒葉品系）

葉子邊緣呈鋸齒狀。花（右圖）和葉子整體都覆蓋著薄薄的綿毛。香氣弱但適合作為觀賞用。不耐寒。

孟斯泰德薰衣草（真薰衣草品系）

高度約30cm的小型種。花朵偏大呈深紫色。香氣也很濃郁，適合種在花園的邊緣。是耐寒的品種。

綿毛薰衣草（真薰衣草品系）

帶有樟腦氣味，整株都被觸感宛如天鵝絨的綿毛覆蓋。銀色葉片和深紫色花朵的對比十分美麗。

Taking care

適宜環境

喜歡日照充足、通風良好，不是很肥沃的土壤。梅雨季節要移至屋簷下等不會淋到雨的地方。比較不耐寒的羽葉品系要種在屋內，其他品系若是地植需要加上覆蓋物，盆植則是在有日照的屋簷下過冬。

繁殖方式

以扦插方式繁殖。於初夏或秋天挑選栽種2年以上的植株，將春天生長延伸、沒有花穗的新枝前端剪下約7、8cm，插入新土，並將溫度控制在20°C左右，如此便會發根。

採收：採收期 5 ～ 10月

在快要開花之前香氣最濃郁時，連同花莖一起採收。沒有花的時期最好要修剪枝條，採收葉片的同時也保持良好通風。秋天結束之前，要剪短到距離地面剩下約5 ～ 10cm以便過冬。

栽種方式的重點

種植 —— 於春秋兩季，種植在排水良好、不是很肥沃的土壤中。播種法的初期生長速度緩慢，因此建議新手最好購買市售的苗，或是選擇扦插生根的苗。為保持良好通風，種植時最好將植株底部堆高一點。如果是盆植，要在底部放入盆底石以加強排水。

供水 —— 幾乎不太需要澆水。植株枯萎的原因多半是澆太多水，所以如果是地植，當植株扎根之後就要減少供水。若是盆植，則要等到土壤表面乾燥再給水。

肥料 —— 幾乎不需要施肥。尤其夏秋兩季若施予過多肥料會導致根部腐爛，須特別留意。

病蟲害 —— 幾乎沒有。

每日照顧 —— 為避免枝條徒長，要盡可能種植在日照充足的地方。由於薰衣草最害怕濕氣造成的悶熱，因此必須確定排水是否良好，擁擠雜亂的枝條則要適度剪枝以保持良好通風。春秋兩季只要進行用鏟子翻動植株周圍土壤使其軟化的中耕，根就能充分延伸。

Calendar	1月	2月	3月	4月	5月	6月	7月	8月	9月	10月	11月	12月
盛產期												
種植、開花												
採收期												
繁殖期						（第2年之後）					（第2年之後）	

>> 運用巧思享受香氣

讓人經過時衣服沾染上迷人香味

擁有淺紫色花朵和香氣的薰衣草堪稱是香草的代名詞。只要握在手裡或接觸到衣服，清爽的香氣便會撲鼻而來。雖然植株的高度較高，不過比起配置在花圃後方，更推薦栽種在人容易接觸到的通道旁。種在狹窄的花園小徑或走道兩側，讓人每次經過衣服都會因為摩擦到薰衣草而沾染上香氣。有時還會進到室內才注意到那股香味。因為是常綠植物，寒冷季節也能持續點綴庭院這一點也是魅力所在。

Variety use

❖可使用部分 葉 花 莖　※懷孕期間應避免使用

主要運用花朵部分做成噗噗莉、花環、化妝品、甜點。最好在快要開花之前花香最濃郁的時候採收。

花

一到初夏，花莖前端就會開出穗狀的花。這個部分富含精油成分。各個品種的花朵形狀皆不相同，十分賞心悅目。

齒葉薰衣草

葉和莖

葉片略厚，觸感有如天鵝絨。光是輕輕觸摸便會散發出舒服的香甜氣味。莖很柔軟，但漸漸會隨著木質化而變硬。

❖做成花環……

不如用新鮮葉片做成香草花環吧。以薰衣草葉為主，搭配上迷迭香、天竺葵、檸檬茶樹、甜馬鬱蘭、忍冬，調和出清新的香氣。也可以直接製作成乾燥香草（左下圖）。重點式地點綴上喜歡的緞帶，做成可愛的花環。

花環

❖用於美容……

以能夠調整肌膚紋理的浸泡液來取代化妝水。建議也可以將一撮乾燥花和水放入香薰燭台，然後用蠟燭加熱讓蒸氣飄散，簡單利用香氣達到放鬆的效果。

噗噗莉

肥皂

❖做成噗噗莉……

開花後隨即在長了4～6片葉子的位置折斷花莖，然後將好幾根集結成束，吊掛在通風良好的陰涼處乾燥。約莫2週後枝條變得又乾又脆就完成了。只取花朵部分加以保存（左上圖）。

❖入浴用……

用新鮮或乾燥花泡成濃茶，用來取代潤絲精。若是做成入浴劑便能令身心感到放鬆。在無香料肥皂中加入浸泡液的香草皂（右上圖），有緊實肌膚和殺菌的效果。當成禮物也很可愛。

❖做成飲品……

蘇打水

搗碎1、2枝的花，加入蜂蜜、檸檬、蘇打水後過濾而成的飲料（左圖），不僅口味清爽，顏色也很漂亮，非常適合在夏天時飲用。茶主要是使用乾燥花。

Small tip

假使手邊沒有新鮮或乾燥的薰衣草，那就活用市售的薰衣草精油吧。只要加入基底油中隨身攜帶，除了能夠抑制輕微燙傷、曬傷的肌膚發炎，還可以當成舒緩頭痛、肌肉痠痛的按摩油使用。

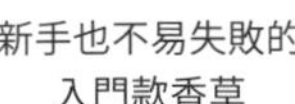

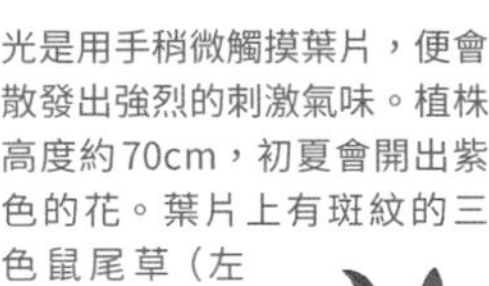

光是用手稍微觸摸葉片，便會散發出強烈的刺激氣味。植株高度約70cm，初夏會開出紫色的花。葉片上有斑紋的三色鼠尾草（左圖）和普通鼠尾草（右圖）為同屬品種。

活躍於各種場景的萬用香草

鼠尾草

Sage

被譽為萬用香草，英國甚至有句話說「院子裡有種鼠尾草的人會長壽」。具防腐效果和抗菌力，經常使用在香腸等加工食品。有促進消化、強化肝臟功能、安定神經的功效。將1、2片新鮮葉子泡進溫熱水，冷卻後可作漱口水，還能舒緩喉嚨痛、抑制口臭。也推薦搭配油膩的肉類料理。增添風味之外還可使料理變得清爽不油膩。一般最常見的是「普通鼠尾草」，不過帶有黃色斑紋的「黃斑鼠尾草」和香氣濃郁的「快樂鼠尾草」也非常方便使用。花朵可用來點綴沙拉。

DATA

- 學名＝Salvia officinalis
- 科名＝唇形科
- 原產地＝地中海沿岸
- 別名＝藥用鼠尾草
- 高度＝約30～120cm
- 盛產期＝4～5月、10～11月
- 可使用部分＝葉、花、莖
- 用途＝料理、沙拉、茶、酒、潤絲精、入浴劑、噗噗莉

香氣的種類、花色繁多

全世界有許多品種，花和葉子的顏色、形狀也五花八門。喜歡的環境可以參考原產地的氣候條件。

[灌木]

鳳梨鼠尾草

從10月左右開出深紅色的花。葉子帶有鳳梨香氣，可做成茶飲和噗噗莉。原產於墨西哥。

普通鼠尾草

鼠尾草的代表性品種。可做成料理、茶等，用途廣泛。左邊是葉色美麗的園藝品種黃斑鼠尾草。除此之外，三色鼠尾草、紫色鼠尾草也是同屬品種。原產於地中海沿岸地區。

墨西哥鼠尾草

又稱預言者鼠尾草，會開出鮮豔的紫花。花朵的香氣微弱，會於晚秋時綻放。原產於墨西哥。

櫻桃鼠尾草

帶有水果香氣。花期很長，是很受歡迎的觀賞用植物。花朵除了紅色，還有白色、粉紅色等。原產於墨西哥。

[二年生草本]

快樂鼠尾草

高度約120cm。香氣濃郁，常用於製作精油和香料。入菜時只會加入極少量。原產於地中海地區。

[一年生草本]

彩苞鼠尾草

在初夏到秋天這段時間花朵會伴隨著紫色、粉紅色、白色等色彩鮮豔且碩大的苞葉一起綻放。常用於工藝品。原產於歐洲南部。

Taking care

適宜環境

喜歡日照充足且排水、通風良好的場所。在稍微陰暗的地方也能長得很好。需要盡量避免盛夏的直射陽光和冬季結霜。若是盆植，要擺放在日照充足的屋簷下。

繁殖方式

採種容易，不過一般會以芽插方式繁殖。使用分株法也可以，但因為如果是小植株就會變得衰弱，必須特別小心。芽插要避開盛夏時期，於春秋兩季進行。約20天左右便會發根。

採收：採收期 4 ～ 10月

長出茂盛的葉子後，便可隨時收成順便修剪。除了隆冬外，其餘時間皆可將葉子採摘下來使用。若讓種子繼續保留會使得植株衰弱，因此開花後必須收成順便修剪。

栽種方式的重點

種植 —— 喜歡日照充足、排水良好的肥沃土壤。由於多半會長得很碩大，因此種苗時需要將株距拉大（約40cm以上）。種子要在春秋兩季點播在育苗床上。若於初春播種，大約2星期就會發芽，等到發芽約1個月後長出2、3片本葉即可移植。

供水 —— 如果是地植，在定植後確實扎根之前要勤於澆水。若是盆植，要等到土壤表面乾了再給予充足水分。因不耐久雨和濕氣，那段時間需減少供水。

肥料 —— 喜歡稍微肥沃的土壤。種植時要在土中混入緩效性肥料。追肥要在春天到秋天進行，冬天則不必施肥。

病蟲害 —— 幾乎沒有。

每日照顧 —— 讓枝葉長得漂亮茂盛的祕訣，就是隨時摘芯順便收成。因鼠尾草不耐夏季的高溫多濕，梅雨來臨前必須整理雜亂的枝條，以保持良好的通風。如果放著植株不管就會逐年木質化且變得衰弱，因此建議每4年就要以芽插方式更新植株、進行移植。

Calendar	1月	2月	3月	4月	5月	6月	7月	8月	9月	10月	11月	12月
盛產期				—	—					—	—	
種植、開花				—	—				—	—		
				—	—					—	—	
					—	—	—					
採收期					—	—	—					
				—	—	—	—	—	—	—		
						—	—	—	—			
繁殖期					—	—			—			
				—	—							

>>為香草花園增添變化

以繽紛的花葉點綴增色

鼠尾草的品種非常多，花和葉子都各有其特色。其中作為食用香草使用的普通鼠尾草，厚實茂密的葉片作為觀賞植物也同樣充滿存在感。照片右下方的紫色鼠尾草、萊姆色的黃斑鼠尾草、3色混合的三色鼠尾草，這幾個品種非常適合用來為香草花園點綴增色。後方的紅花是櫻桃鼠尾草，即便在寒冷季節，依舊會精神飽滿地接連開出紅色花朵。

Variety use

❖可使用部分 葉 花 莖 ※懷孕期間應避免使用

由於種類豐富且香氣各異，因此像是料理、化妝品等，可試著依據用途分別使用。

花

優雅的紫色花朵令人印象深刻。由於去年的枝條上會長出花芽，因此若想欣賞美麗的花朵就要減少剪枝。主要用來裝飾沙拉、製作工藝品。

葉和莖

特徵是覆蓋著有如絨毛的柔軟白毛，而且觸感有些鬆軟。帶有會殘留尾韻的些許苦味，香氣非常濃郁。

普通鼠尾草

❖做成料理……

肉類料理

類似艾草的強烈香氣可有效消除肉、魚的腥味。在煮番茄燉雞肉時，可以在燉煮之前先將少量乾燥香草撒在雞肉上，或是加入幾片葉子一起煎便可去腥（右圖）。另外，將鼠尾草葉、醋、月桂葉、鹽巴、胡椒煮滾做成的醃漬液，也可以直接淋在海鮮上享用，十分方便。花朵則可以用來製作色彩繽紛的米沙拉。只要拌入以醋、橄欖油、鹽巴調味的米飯中即可。

❖做成蠟燭……

在蠟燭罐中放入圓形顆粒狀的蠟燭，再撒上乾燥香草（右上圖）。香草會在燭火的熱度下飄散出香氣，令人心情為之一振。製作手工蠟燭時，可以將喜歡的精油滴入蠟燭中。

蠟燭

肥皂

❖入浴用……

這款香草皂的作法是將無香料肥皂融化後和濃茶混合，溫和的香氣非常舒服（左上圖）。在乾燥鼠尾草葉5g中倒入熱水100ml後過濾而成的浸泡液可當成香草潤絲精使用，不僅有賦予黑髮光澤的效果，而且免沖洗。重點是要儘早使用完畢。

❖做成飲品……

在新鮮葉子15g或乾燥葉子5g之中加入熱水200ml，泡出來的香草茶有消除疲勞的效果。另外，只要在葡萄酒瓶中放入約2枝新鮮枝條，隔天倒出來的香草酒就會非常好喝。若用果汁稀釋飲用會更加美味。

Small tip

當因長時間站立工作或流汗導致鞋子裡面很悶熱時，不妨試著泡個簡單的足浴吧。只要將浸泡液和溫熱水放入容器，即可輕鬆釋放雙腳壓力。另外假使症狀輕微，鼠尾草的浸泡液也可以取代藥物，塗抹於蚊蟲叮咬處。

特徵是繁殖力非常強，也很耐寒。開花的第2年之後會在花圃中叢生，散發出清爽香氣。夏天會開出淺粉色的小花。

和番茄、起司很對味的人氣香料

奧勒岡

Oregano

原產於歐洲的唇形科多年生草本植物，是自古便被當成香料使用的香草之一。和馬鬱蘭為同屬品種，不過香氣較「甜馬鬱蘭」來得強烈，再加上是野生的關係，因此又別名「野馬鬱蘭」。奧勒岡作為食用香草，是義大利、西班牙、墨西哥料理所不可或缺的香料。尤其和番茄的味道特別搭配，除了用來做成披薩、義大利麵，和起司、歐姆蛋等蛋料理也十分對味。只要摩擦葉片就會散發出強烈氣味，不僅可以替雞肉、羊肉去腥，也很推薦泡成茶或用來泡澡以發揮放鬆效果。

DATA

- 學名＝Origanum vulgare
- 科名＝唇形科
- 原產地＝歐洲～亞洲東部
- 別名＝花薄荷（日文名稱）、野馬鬱蘭
- 高度＝約60～100cm
- 盛產期＝4～5月、10～11月
- 可使用部分＝葉、花、莖
- 用途＝料理、茶、入浴劑、噗噗莉

欣賞葉色的漸層

一般被稱為奧勒岡的是「野馬鬱蘭」，主要使用於料理的則是「希臘奧勒岡」。除此之外還有許多園藝品種。

[奧勒岡類]

希臘奧勒岡

主要使用於料理的品種。因氣味強烈，務必記得少量使用。花也可以用來裝飾料理。

奧勒岡
（野馬鬱蘭）

葉片上有細小絨毛，會筆直地往上方延伸叢生。體質強健，根會往旁邊匍匐延伸。

Herrenhausen

可以欣賞到直徑約2cm的小花從粉紅色變化成深紫色。是很受歡迎的觀賞用品種。

黃金奧勒岡

擁有明亮黃綠色葉片的園藝品種。因葉片密生成叢狀，可以為花圃製造出華麗感。

[阿馬拉庫斯類]

肯特奧勒岡

多半會開出美麗花朵的阿馬拉庫斯類之一，苞片宛如層層疊疊的白色～粉紅色花瓣。最適合做成乾燥花和噗噗莉。

Taking care

適宜環境

喜歡日照充足、排水良好的場所。因為討厭濕氣，所以接連好幾天下雨時要移到屋簷下等地方。如果在高溫乾燥的環境下種植，香氣和風味都會增強。

繁殖方式

使用播種、芽插、分株方式都能輕易繁殖。根莖會旺盛地橫向擴展延伸，因此直接移植已經扎根的部分來繁殖也是一個簡單的方法，很適合新手嘗試。

採收：採收期 6 ～ 9月

花會在播種的第2年以後開花。6、7月花朵開始綻放時的葉子氣味最濃烈。建議在這個時期留下4、5cm的植株底部，將枝莖剪下收成，然後乾燥保存。經過修剪的植株底部會再陸續長出新芽。

栽種方式的重點

種植 —— 因種子細小，為避免重疊，要仔細地以條播方式播種。用手輕輕按壓稍微覆土即可。適度地間拔，待長到約10cm即可取30cm以上的株距定植。

供水 —— 由於喜歡乾燥，要等到土壤表面乾了再給予充足水分。梅雨季節時有可能會因悶熱而枯萎，因此必須移至不會淋到雨的屋簷下，以免底盤積水。

肥料 —— 種植時在土中混入緩效性肥料作為基肥即可，不需要特別追肥。施加過多肥料容易會有徒長的狀況發生，葉子的風味也會變淡，因此請減少給予。

病蟲害 —— 幾乎沒有。

每日照顧 —— 儘管生長力旺盛且體質強健，卻因不耐多濕環境，可能會發生悶熱枯死的狀況。勤於修剪雜亂的枝葉，密集叢生時要適度地間拔，並且隨時注意通風。根系延伸力強，盆植一旦發生盤根現象，植株的生長力就會下降。請每2、3年在春天或秋天進行一次分株同時換盆，讓植株能健康生長。

Calendar	1月	2月	3月	4月	5月	6月	7月	8月	9月	10月	11月	12月
盛產期				—	—					—	—	
種植、開花			—	—	—	—	—	—（第2年之後）	—	—		
採收期						—	—	—（第2年之後）	—			
繁殖期			—	—	—				—	—		

>> 改為合植

使用同樣適合做成料理的食材

奧勒岡是義大利料理中不可或缺的香料，常被用來做成披薩和義大利麵。建議不妨和同樣適合做成料理的番茄種在一起。尤其小番茄不僅外觀可愛，種在盆器裡也能陸續採收，非常推薦各位嘗試。由於小番茄會長到約1m高，因此要使用支柱支撐，然後在底部種植奧勒岡。也可以加入和奧勒岡、番茄都很對味的羅勒。番茄和羅勒為一年生草本植物，奧勒岡為多年生草本植物，所以採收後必須換盆。

Variety use

❖可使用部分 葉 花 莖 ※懷孕期間應避免使用

葉子經過乾燥香氣會更加強烈。新鮮葉片加熱後會產生苦味，因此最好少量使用。

野馬鬱蘭

葉和莖

帶有圓弧感的偏薄葉片和莖，有著適度苦味和香料的芳香氣味。只要經過乾燥再入菜，風味就會變得溫和沒有生味。

花

粉紅色的小花密集綻放。做成乾燥花時，要在快開花之前從根部剪下，置於通風良好處陰乾。

❖做成料理……

油

連同枝條浸泡在油中做成的香草油，不僅可以淋在義大利麵、肉類和魚類料理上，也能運用在馬鈴薯料理之中，用途十分廣泛。只要在橄欖油中加入少量經過乾燥的奧勒岡便能增添風味。除了淋在新鮮番茄上（右圖），也可以用味道簡單的餅乾、裸麥麵包薄片、起司麵包沾取享用。只要把乾燥或新鮮葉片切碎，撒在做好的番茄醬汁上，就能享用美味的義大利麵和燉煮雞肉。番茄醬汁可以多做一點起來冷凍保存，需要時就能快速派上用場。另外也可以使用新鮮枝條，擺在以番茄燉煮好幾種蔬菜而成的義式蔬菜湯上做點綴

義式蔬菜湯

醋

披薩

（上圖）。將奧勒岡浸泡在醋中做成的香草醋（左下圖）除了當成淋醬使用，還可以做成醃菜、醃料、醋漬物。使用在披薩上時可以撒上乾燥奧勒岡，還能用手將新鮮葉子撕成小片放上去（右下圖）。若將乾燥奧勒岡揉進披薩麵團中則更能突顯風味，做出媲美專業廚師的美味料理。

❖做成工藝品……

莖、葉、花可以做成乾燥花擺著欣賞。從根部採收後集結成束，置於通風良好處陰乾。花也很適合作為切花、插花的花材。

Small tip

也很推薦將乾燥奧勒岡和鹽巴混合，做成香草鹽。可以用來醃漬肉和魚、汆燙蔬菜、做成淋醬，以及混合麵包粉製作炸物。混合的分量可依個人喜好決定。鹽巴最好選擇品質較好的天然鹽。

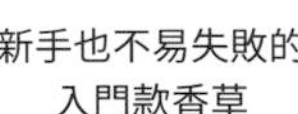

新手也不易失敗的
入門款香草

10

不同的品種，呈現出白、粉、紅、紫紅等各式各樣的花色。葉子的香氣比花朵強烈。取自玫瑰天竺葵（左圖）葉片的萃取液可作為香料的原料。

玫瑰、柑橘類、薄荷……擁有形形色色的香氣

香葉天竺葵

Scented Geranium

DATA

- 學名＝Pelargonium spp.
- 科名＝牻牛兒苗科
- 原產地＝南非
- 別名＝天竺葵、芳香天竺葵
- 高度＝約30～100cm
- 盛產期＝4～6月
- 可使用部分＝葉、花、莖
- 用途＝沙拉、點心、茶、入浴劑、噗噗莉、按摩油

為常綠灌木的香草植物，除了最具代表性的「玫瑰天竺葵」外，還有胡椒薄荷、肉桂、蘋果、薑等香氣。即便是盆植也能輕易栽培成功，除了室內，擺在戶外或陽台上也能長得很好。葉片香味類似玫瑰的「玫瑰天竺葵」，最適合用來替蛋糕、果凍、雪酪、果醬增添香氣，以及用砂糖醃漬後拿來裝飾蛋糕和餅乾，又或者是直接烤成派。新鮮的花朵可以直接用來裝飾沙拉，或是漂浮在飲料中也很漂亮。其他品種則除了做成入浴劑享受香氣外，建議最好當成插花的花材來使用。

種類豐富的香氣競相比美

像是蘋果和柳橙等水果類、肉桂和薑等香料類，香氣的種類十分多樣。種植容易，各位不妨挑選自己喜歡的品種栽種。

蘋果天竺葵

帶有甜美的蘋果香氣。因具匍匐性，如果吊掛起來會很漂亮。料理、茶、沐浴等，使用範圍廣泛。

齒葉天竺葵

又稱蕨葉天竺葵，特徵是葉片呈深裂葉形。泡成茶會散發出清新的柑橘類香氣。

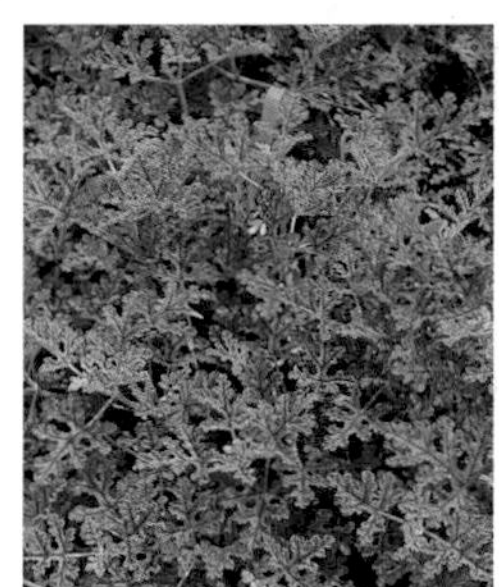

松樹天竺葵

葉片上有褐色葉脈，淺粉色的花朵上則有紫色斑紋。四季開花且會開出許多花朵，一整年都能享受賞花樂趣。

榛果天竺葵

會開出偏粉色的紅花。帶有榛果香氣，是體質強健、容易栽培的品種。

杏果天竺葵

因為會開出天竺葵中格外大朵的深粉色美麗花朵而深受喜愛。葉片偏硬，帶有杏桃的香氣。

玫瑰天竺葵

香葉天竺葵的代表性品種。葉片帶有濃郁的玫瑰香氣，除了做成香料，也能廣泛運用於點心、茶、噗噗莉、入浴劑。

綿毛天竺葵

葉子整體都覆蓋著白色綿毛，因觸感極佳而得其名。粉紅色的花朵是一大看點。

Taking care

適宜環境

喜歡日照充足且通風、排水良好的場所。由於不耐寒冷，會因結霜或氣溫太低而枯萎，所以10月下旬左右要進行假植，置於屋簷下或室內日照充足的地方。

繁殖方式

以扦插方式繁殖。適合扦插的時期是初夏和秋天。剪下長度約10～15cm還沒有長出花芽的莖，然後去除下方的葉子只留下3、4片。切口的水分較多，直接插容易腐敗，因此要晾乾1天再插會比較容易生根。

採收：採收期 全年

因為是常綠植物，所以全年皆可適度收成葉子。旺盛生長的春秋兩季，是葉片香氣最強烈的時候。由於花只會開2、3天，最好一開花就馬上摘下。

栽種方式的重點

種植 —— 種子很難取得，一般都是買苗回來栽種。最適合的種植時期是4～6月。輕輕將苗的根鬆開後淺淺地種入土中，接著覆上土，稍微遮蓋住根的上半部。

供水 —— 因為喜歡稍微偏乾燥的環境，所以要等到土壤表面乾燥泛白再給予充足水分。過於乾燥會使得葉片變硬，太過潮濕也會導致根部腐爛。

肥料 —— 種植時，在土中混入腐葉土和緩效性肥料。大約每週施予1次液肥。生長力旺盛的春季和大量採收後，最好給予較多的有機肥料。

病蟲害 —— 容易出現溫室粉蝨，須特別留意。

每日照顧 —— 只要在幼苗時期摘過一次芯，枝條就會長得很茂盛。由於不耐多濕環境，必須修剪雜亂的枝莖以保持良好通風。開完的花序梗和枯葉要勤於去除。木質化的老舊枝條因為不容易長出葉子，要在開花後或11月左右進行修剪，讓一根枝條只留下幾片葉子。為防止盤根，最好要在每年9月左右換盆。如果是地植就不需要修剪和移植。

Calendar	1月	2月	3月	4月	5月	6月	7月	8月	9月	10月	11月	12月
盛產期				━	━	━						
種植、開花（種植）				━	━	━						
種植、開花（開花）				━	━	━	━					
採收期（花）				━	━	━	━					
採收期（葉）	━	━	━	━	━	━	━	━	━	━	━	━
繁殖期				━	━	━			━	━		

>> 運用葉形加以變化

結合外型各異的綠葉

由於香葉天竺葵會長出許多富有質感的葉子，因此只要將葉片的形狀、大小、顏色不同的各個品種結合起來，即便只有綠葉，也能打造出一個綠意盎然的美麗空間。當然，花朵也會在春夏兩季為這片綠意點綴上粉色、白色的色彩。香葉天竺葵因為不具耐寒性且喜歡乾燥的環境，所以如果要地植，那麼種在日照充足的南側屋簷下最適合。照片中這一區，是由玫瑰天竺葵、齒葉天竺葵、胡椒薄荷天竺葵、蘋果天竺葵所組成。充滿個性的葉形十分獨特。

Variety use

❖可使用部分 葉 花 莖

新鮮的花可直接作為裝飾。新鮮的葉和莖也可以直接用來為甜點、飲品增添香氣。

花

花有5片花瓣，每個品種的顏色、形狀各不相同。下圖是玫瑰天竺葵的花。花期很長，春夏兩季皆可欣賞。

玫瑰天竺葵

葉和莖

分枝性佳的葉子為深綠色並且呈現深裂葉形。因為造型獨特，也很適合利用葉子本身進行裝飾或做成壓花。

❖做成燭台……

用帶有香氣的新鮮香草的葉子和花朵插花，做成美麗的燭台（下圖）。在淺缽中放入吸了水的吸水性海綿，再於中央放上蠟燭。接著只要將香蜂草、薰衣草，以及粉紅色、紅色的天竺葵的花平衡地插上即可。適度加上花蕾和葉子來增加亮點也不錯。

燭台

❖用於美容……

天竺葵精油有收斂、殺菌的作用，可以幫助調節油脂平衡。也很推薦在作為基底的基底油（甜杏仁油等）中加入2、3滴精油，做成按摩油（右上圖）或自製護手霜（左下圖）。在洗臉盆中放入新鮮的葉子和莖後倒入熱水，罩上浴巾再用蒸氣蒸臉的臉部桑拿，也能讓肌膚變得煥然一新。

按摩油

護手霜

❖做成飲品……

在柳橙或葡萄柚汁等冰涼飲品中放入花朵裝飾，享受芬芳的香氣。

❖做成料理……

除了將嫩葉鋪在蛋糕模型下方，貼在餅乾上烘烤也能讓香氣轉移。由於葉子本身的味道不好，為果凍、飲品、蜂蜜增添香味時最好要馬上取出。花可以用來裝飾蛋糕（左圖）。

蛋糕裝飾

Small tip

不妨在餐桌上的洗指碗內，放入2、3朵新鮮的花吧。淡淡的香氣一定會受到客人喜愛。另外，也推薦讓花或葉子漂在水上來轉移香氣，然後提供沾過同一份水的擦手巾給客人使用。

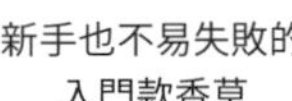

新手也不易失敗的
入門款香草

10

Achillea這個學名，源於古希臘英雄阿基里斯（Achilles）曾在特洛伊戰爭中，用西洋蓍草的葉子替士兵治療傷口。葉緣呈淺裂狀為其特徵，春夏兩季會開花。

葉子傳說曾被用來治癒士兵的傷口

西洋蓍草

Yarrow

在日本稱為西洋弟切，是體質強健的多年生草本植物。原產於地中海沿岸，因耐熱也耐寒，無論在哪裡都能輕易種植，再加上花色豐富，經常被用來為花圃增色。

一如古希臘的傳說，其葉子中所含的成分具有止血效果，用熱水浸泡葉子後冷卻而成的浸泡液可以當成治療傷口的藥水使用。以新鮮或乾燥葉子泡成的茶喝起來味道有點辛辣，具有促進血液循環的效果。如果要切碎做成沙拉，或是加到奶油乳酪裡面做成沾醬，那麼會建議使用柔嫩的新芽。花則是可以做成切花或是乾燥花。

DATA

- 學名＝Achillea millefolium
- 科名＝菊科
- 原產地＝地中海沿岸
- 別名＝西洋弟切（日文名稱）、鋸草
- 高度＝約20～60cm
- 盛產期＝3月中旬～6月、9月中旬～11月
- 可使用部分＝葉、花、莖
- 用途＝料理、茶、潤絲精、入浴劑、噗噗莉、乾燥花

小花成群綻放的模樣充滿生命力

白色、粉紅色、紅色、黃色等色彩鮮豔的花朵一開就會持續將近2個月，因為不需要特別照顧，非常適合用來為花園增添色彩。

普通蓍草

西洋蓍草的代表性品種。從初夏到夏天會開出小小的白花。柔嫩的新芽可直接做成沙拉食用。

珍珠蓍

西洋蓍草的近親。花蕊微微隆起為其特徵。花朵可作為入浴劑使用。

[花色鮮豔吸睛的品種]

綿毛蓍草

高度低矮，會開出鮮豔的黃色花朵，是西洋蓍草的近親之一。葉片的鋸齒狀也較細小，除了用來點綴花圃，也適合種在盆器內。日文名稱為姬鋸草。

也有許多花色繽紛的園藝品種。鮮豔的顏色成為花園的一大亮點。也非常適合做成乾燥花。

Taking care

適宜環境

喜歡日照充足、排水良好的土壤。生長力旺盛，會讓地下莖不斷延伸生長，因此最好種在可以讓株距超過1m的地方。如果是盆植則須準備大型盆器。

繁殖方式

以播種、芽插、分株方式繁殖。芽插要將新長的新芽剪下約10cm，去除下方的葉子後插入土中。分株則是將地上部從植株底部剪下後鬆根，接著將各4、5株種在新準備的土壤中。

採收：採收期 4月中旬～9月

若要少量使用新鮮的西洋蓍草，最好摘取初春時節的柔軟嫩葉。一旦開花葉子就會變硬，因此必須在開花之前連莖一起剪下，採收所需要的分量。

栽種方式的重點

種植 —— 播種和種植都要在春天或秋天進行。由於採取地植會長得很龐大，結果因過於密集而導致通風不良，所以必須取1m左右的株距定植。如果是盆植則要1盆1株。

供水 —— 因為喜歡稍微偏乾燥的土壤，所以要等到土壤表面乾了再澆水。根的生長速度快，若是盆植的話很容易缺水，因此尤其需要留意夏天的缺水問題。也有可能因為澆太多水、過於潮濕而枯萎。

肥料 —— 種植時在土中混入緩效性肥料作為基肥。不需要特別追肥。肥料少一點反而會長得比較健康。

病蟲害 —— 幾乎沒有。

每日照顧 —— 由於不耐多濕環境，必須修剪莖葉密集的部分以保持良好通風。開完的花序梗和枯葉要勤於去除。因為會開2次花，初夏開花後只要從植株底部進行修剪，秋天時又會再次開花。植株一旦老化就會變得不容易開花，因此最好每2年就進行1次分株和移植。

Calendar	1月	2月	3月	4月	5月	6月	7月	8月	9月	10月	11月	12月
盛產期												
種植、開花												
採收期												
繁殖期												

>> 運用豐富的色彩

打造一座鄉村花園般五彩繽紛的庭院

西洋蓍草隨風搖曳的模樣充滿濃濃的自然風情。只要將顏色種類豐富的西洋蓍草混合在一起，便能打造出色彩繽紛的花田。雖然即便只有西洋蓍草，也能使這個空間顯得亮眼奪目，但若是再搭配上毛地黃、紫錐花這類宿根植物，便會搖身變成鄉村花園的風格。由於根系延伸速度快，即便是掉落的種子也能繁殖，因此為防止擴張，最好在地底用板子隔開，或是儘早將從非預定場所冒出來的芽摘除。

Variety use

❖可使用部分 葉 花 莖 ※懷孕期間應避免使用

主要是將葉子做成茶飲、潤絲精等，柔嫩的新芽則作為食用。花朵經過乾燥也不會褪色，因此很適合做成乾燥花。

花

小小的花朵會在花莖前端密集綻放。只要在新鮮花朵中注入熱水，然後吸入蒸氣，就連喉嚨深處都會感到清新舒暢。

葉和莖

西洋蓍草的葉子會像鋸齒一樣產生細小的分枝。由於有使其他植物活化的功效，因此也可以當成共生植物來利用。

普通蓍草

❖做成花環……

花色鮮豔的園藝品種相當適合做成乾燥花。也可以將黃色西洋蓍草的花插在花環上作為點綴（右圖）。即便直接以新鮮花朵做裝飾，乾燥後也不會褪色，非常方便使用。

花環

❖做成噗噗莉……

假如採收到許多花和葉子，這時建議可以將其乾燥保存，如此便能享受西洋蓍草略帶生味的自然氣息。色彩亮麗的乾燥香草也可以和其他香草混合做成噗噗莉。

香包

茶

❖做成飲品……

在新鮮葉片15g中倒入熱水200ml，悶泡2、3分鐘，如此茶飲便完成了。西洋蓍草茶有排出體內堆積毒素的作用，在剛開始感冒時飲用可有效舒緩症狀。由於也有促進血液循環的效果，因此也能夠穩定血壓。

潤絲精

❖用於美容……

用新鮮或乾燥葉片泡成濃茶來取代潤絲精，可增加頭髮光澤度（左圖）。也可以試著在市售潤絲精中加入少量來使用。

Small tip

西洋蓍草自古便被當成止血劑使用至今。將紗布浸泡在熬煮葉子做成的萃取液中，然後貼在割傷的皮膚上，可發揮消毒的效果。只要用手捏爛新鮮葉子敷在傷口上，再用布或繃帶纏繞固定，便能當成臨時的藥膏使用。

採取合植&合盆的 容器規劃

結合好幾種香草的合植和合盆，只要在搭配時仔細考量顏色、香氣、植物的契合度，栽種的樂趣就會增加2倍、3倍之多。以下依據不同目的設定主題，提供幾個香草的合植&合盆規劃方案供各位參考。

用伸手即可收成的容器打造屋簷花園

即便家裡沒有院子，只要有陽台、屋簷之類的小空間，照樣能夠享受用盆器栽種的樂趣。一個盆器種一個品種叫做「單植」，用同個容器栽培好幾個品種叫做「合植」，至於將好幾個單植的盆器擺在一起種則稱為「合盆」。假使植物不適合種在一起，或是想一起種的植物中有哪個會過度繁殖，這時就可以採取「合盆」，或是採取「合植」但設置隔板來解決問題。在日常生活中經常活躍登場的香草，很適合種在可以就近擺在身旁的容器裡。以下將配合用途，一共介紹14種規劃方案。請各位試著在盆器中，打造出專屬於你獨一無二的世界。

合植的基本步驟

以下是在開始合植之前必須瞭解的基本步驟。

1. 決定形象

也要考慮到目的和擺放位置，想像完成的樣子。

2. 準備材料

除了香草苗，也要選擇符合想像的盆器。盆器的材質、顏色也是決定印象的重要因素。

3. 放入盆底石&土

在盆底鋪網子，放入提升排水功能的盆底石。以苗之中最大的根球大小為配置依據放入培養土。

4. 暫時擺放苗

將裝在塑膠罐內的苗放入盆中，決定配置。如果能夠從四面看見就讓中央較高，若是從前面看過去則排成階梯狀。

5. 補土澆水

從罐中拔出苗，從最高的開始種植。用免洗筷等器具戳動，在植株周圍填入充足的土壤。給予水會從盆器底洞流出來的水量。

合盆的基本原則

❶ 平衡配置

只是將高度一樣的盆器擺在一起並不算是合盆。將造型不同的盆器巧妙地進行排列，可以呈現整體的立體感。建議可以採取基本的對稱（左右對稱）配置方式。只要讓兩側的盆器材質一致，然後在中央擺放作為焦點的物品，如此便不會失敗。利用盆器高度或植物高度描繪出三角形的配置法也具有安定感。

▲對稱配置

▲三角形配置

❷ 講究盆器的材質和質感

即使每一種香草都和盆器很搭配，但既然要排放在一起，那麼各個盆器的搭配性也非常重要。統一材質固然是一個方法，不過刻意改變材質、讓質感一致，也不失為有趣的做法。不要將全部一模一樣的盆器擺在一起，使用材質相同但造型不同的盆器也能表現出協調的氣氛。

❸ 運用顏色展現個性

挑選盆器時，選擇能夠和香草的鮮嫩綠色搭配的顏色很重要，但其實也可以利用盆器的顏色，來展現雅致、浪漫、時髦等自己想要呈現的氛圍。即使種的是同一種香草，也能透過盆器的顏色展現獨特的個性。

容器規劃
享用芬芳茶飲

瀰漫清爽香氣 檸檬風味香草的合盆

這是可以做出超人氣檸檬風味香草茶的組合。因為想要享用現摘的新鮮美味，於是裝入可以在午茶時間端上餐桌的籃子裡。

栽種方式 雖然也可以短時間合植，但因為檸檬香茅的高度會長到1m左右，於是採取合盆方式。勤於修剪和疏剪，維持整體外觀的平衡，一方面也進行採收。檸檬香茅不耐寒，因此要種在全日照～半日照的溫暖處。

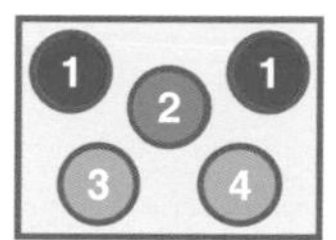

1 檸檬香茅
2 香蜂草
3 檸檬百里香
4 黃斑檸檬百里香

注重健康者最適用 集結健康香草的盆器

集結了有抗過敏功效和整腸功效的洋甘菊、有助提升免疫力的紫錐花，以及著名的萬用藥草鼠尾草。無論是使用單一品種還是混合使用，都能品嚐到香氣濃郁的茶飲。

栽種方式 花序梗若放著不管容易引發病蟲害，必須勤於摘除。最好每年都換更大一點的盆器種植。夏天要置於半日照環境，其他季節則放在日照充足的地方栽培。

1 紫錐花
2 洋甘菊
3 鼠尾草

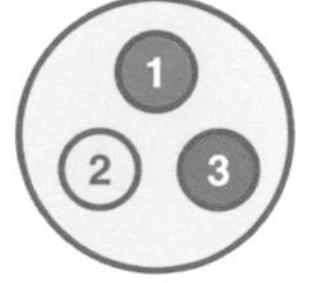

【紫錐花】
美國印地安人自古便使用至今的香草。以根部為主，將莖葉泡製成茶。據說可提升免疫力，經常會在冬季等容易感冒的季節來臨前飲用。

快要感冒、胃部疲勞……舒緩不適症狀

紫蘇可以溫暖身體，洋甘菊能夠促進消化，胡椒薄荷則有緩解鼻塞的效果。若是感到身體不適，就立刻摘下來泡成茶吧。

栽種方式 由於胡椒薄荷的生長力特別旺盛，因此必須放入隔板種植。紫蘇的葉子很大，需要勤於摘除以保持良好通風。只要在明亮的半日照環境下種植就會長出柔軟的葉子，方便做成茶飲。記得要勤於採收，以免長得太過茂盛。

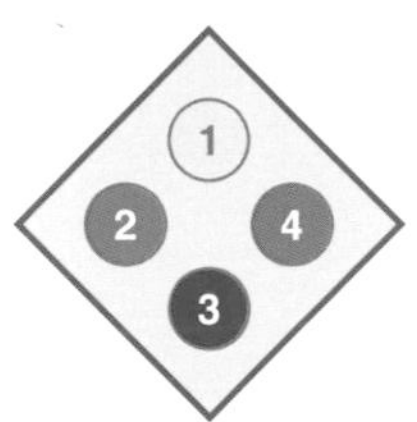

1 德國洋甘菊
2 紫蘇
3 胡椒薄荷
4 香蜂草

容器規劃
享用芬芳料理

豐富料理風味的香草佐料專區

在P.16登場的混合香草便是由這4種香草製成。像是放在湯上點綴、為淋醬增添風味、混入歐姆蛋中等，集結了各種用途廣泛的西式辛香佐料。

栽種方式 這幾個品種都不耐夏天的高溫多濕，因此冬天到春天要在全日照，夏天則是在涼爽的半日照環境下種植。尤其峨蔘只要照到強烈的直射陽光葉子就會變黃，須特別留意。

1 法國龍蒿
2 峨蔘
3 義大利香芹
4 細香蔥

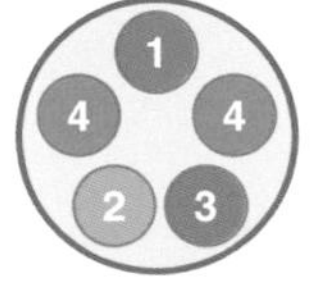

有了這一盆，你也能成為義大利主廚

集結披薩、義大利麵等義式料理不可或缺的香草們。鼠尾草、迷迭香、百里香除了入菜外，也能用來泡成茶飲。

栽種方式 這幾個品種都很容易悶熱，因此務必要種在日照充足且通風良好的地方，避免潮濕的環境。梅雨季節到盛夏這段期間必須疏剪同時採收，以防悶熱。

1 奧勒岡
2 鼠尾草
3 迷迭香
4 百里香

蛋糕、餅乾等烘焙點心常用的香草專區

迷迭香和香蜂草的葉子，還有薰衣草的花都能揉進蛋糕和餅乾麵團中烘烤，享受淡淡的香草風味。香堇菜可以用砂糖醃漬作為蛋糕的裝飾。

栽種方式 除了夏季外，其餘皆為全日照栽種，並且保持良好通風以防悶熱。由於香堇菜不耐夏天的陽光，因此必須遮陽防曬，或是調整盆器的方向。另外也要留意不要讓容器內的土壤溫度過高。

1 迷迭香
2 香蜂草
3 薰衣草
4 香堇菜

每次觸摸都精神一振！姿態各異的3種迷迭香

將形狀和顏色各異的迷迭香合植在一起。能夠給予腦部刺激的氣味令人感到神清氣爽。由於迷迭香的葉子含有油分，每次觸摸還能同時滋潤肌膚。

栽種方式 喜歡偏乾燥的環境，討厭高溫多濕。記得要整理枝條，透過剪枝等修整形狀，一方面也進行採收。種在偏乾燥的全日照環境會長得比較快。

1 直立型迷迭香
2 匍匐型迷迭香
3 黃斑迷迭香

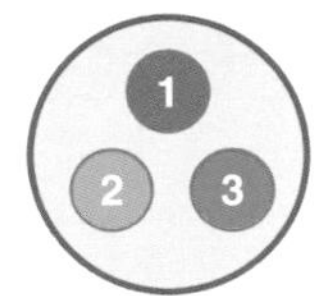

想要放鬆心情時就聞一下 集結多種薰衣草的盆栽

只要觸摸葉子，薰衣草就會飄散出富有放鬆效果的香氣。擺在窗邊，會被隨風飄動的窗簾摩擦而產生香氣；若是擺在玄關，也會因為每次人經過被衣服摩擦到而散發出氣味。

栽種方式 綿毛薰衣草的生長力旺盛，所以需要進行修剪，才能和其他薰衣草保持平衡。喜歡全日照但討厭多濕的環境，因此全年都要減少給水量。夏天的防曬對策也很有效。綿毛薰衣草、甜薰衣草不耐寒，冬天必須放在屋簷下種植。

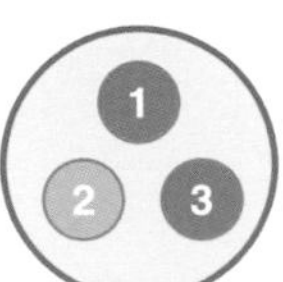

1 狹葉薰衣草
2 甜薰衣草
3 綿毛薰衣草

讓窗邊被清爽香氣籠罩
令人振奮的黃色合植盆栽

這個合植盆栽的特色在於葉色不是綠色，而是帶有黃斑的明亮色彩。由於香氣也很清爽，光是嗅聞味道便能頓時充滿活力。

栽種方式 種植在排水性佳的土壤中，並注意夏季悶熱的問題。一旦施予過多肥料或水就會長得不好，這一點須特別留意。由於照射到強烈的直射陽光會使斑紋消失，因此請種植在全日照～半日照的環境。

1 黃斑檸檬百里香
2 黃金奧勒岡
3 黃斑鼠尾草

放在夏季庭院中
可發揮驅蚊效果的合盆

這個香草組合有著蚊子討厭的成分。為了方便移動至庭院各處，裝在有把手的籃子裡。檸檬香茅據說也有驅趕貓咪的效果。

栽種方式 下方的葉子容易因為盤根或缺乏肥料而枯萎，須特別留意。枯葉會導致植物生病、產生病蟲害，因此必須勤於去除。這個香草組合非常喜歡溫暖的全日照環境。

1 檸檬香茅
2 玫瑰天竺葵

容器規劃
美容效果佳

打造光滑細緻的美肌 美容不可或缺的香草合盆

像是能有助肌膚保濕的洋甘菊、調節皮脂分泌的薰衣草、平衡調節女性荷爾蒙的玫瑰等，這些香草具備幫助女性維持美麗的功效。

栽種方式 這4種香草之中，玫瑰尤其喜歡肥沃的土壤，因此必須使用方便的固肥等產品，給予充足的肥料。適合種植在全日照環境，會在陽光的照射下不斷茁壯生長。

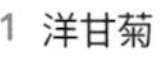

1 洋甘菊
2 迷迭香
3 薰衣草
4 玫瑰

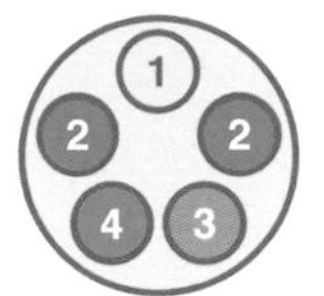

讓頭髮閃亮動人的 護髮香草

迷迭香可促進頭皮的血液循環，預防掉髮和白髮。具保濕效果的洋甘菊則能溫和保養頭皮，讓頭髮柔韌有光澤。

栽種方式 即使放著不管，洋甘菊和迷迭香也能長得很茂盛。只要形狀亂掉時稍微整理一下，就能順利地生長。兩者皆喜歡全日照環境，請種植在日照充足的地方。

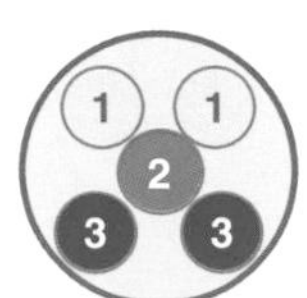

1 洋甘菊
2 直立型迷迭香
3 匍匐型迷迭香

瘦身好夥伴
提高代謝的香草專區

將著名的低熱量植物性甜味劑甜菊，和其他3種具利尿效果的香草合植在一起。

栽種方式 甜菊、茴香、魚腥草的生長力旺盛，需要視情況修剪葉子以限制生長。種植在全日照～半日照環境。如果是在半日照環境下栽種，魚腥草會長得很茂盛。

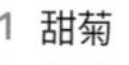

1 甜菊
2 茴香
3 迷迭香
4 魚腥草

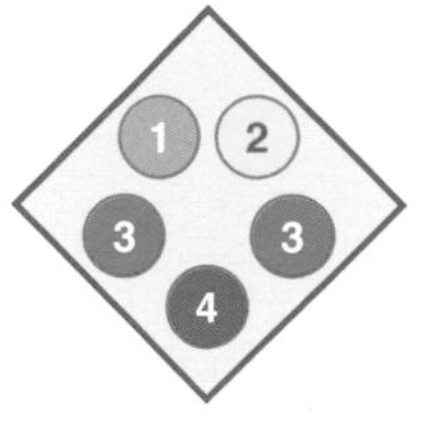

【魚腥草】
日本與中國自古以來常用的香草。乾燥魚腥草泡成茶飲具利尿功效，據說也能幫助消除水腫。蚊蟲叮咬後可以新鮮的魚腥草葉止癢。加熱後其特殊氣味便會消散。

為夏季沐浴時光
帶來清涼感的合植盆栽

由透過清爽香氣帶來清涼感的胡椒薄荷和迷迭香，以及能夠舒緩日曬後肌膚泛紅、發炎症狀的金盞花，組合成一盆最適合夏天的盆栽。

栽種方式 繁殖力強的胡椒薄荷一旦長得太茂盛就需要換盆。建議也可以事先放入隔板，將胡椒薄荷圍起來。請在全日照環境下種植。

1 迷迭香
2 金盞花
3 胡椒薄荷

Rocket Salad

Garden Nasturtium

Coriander

Perilla

Cornflower

Parsley

Feverfew

Dill

Chicory

Pot Marigold

Chervil

Borage

愈長愈茂盛的
一年生草本香草
12

「一年生草本」、「二年生草本」的香草們，
會在播種後的1年或2年內開花，然後等到結出種子便會枯萎。
由於這類香草急著成長茁壯，因此能夠早早體會到收成的樂趣。
以下介紹12種採摘收成、相處陪伴一個週期後，
明年又會想要繼續種植的香草植物。

●「栽種方式的重點」的「種植」是介紹最適合新手的簡單方法。使用其他方法也能繁殖者會在「繁殖方式」進行解說。另外，播種時期是記載於年曆中的「種植、開花」、「繁殖期」。

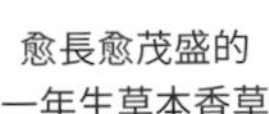

植株高度起初為20cm左右，開花期則會長到約80cm。播種即可輕易栽培。只要稍微錯開播種時期，就能長期享受收成的樂趣。

辛辣口感令人上癮的美味

芝麻菜

Rocket Salad

DATA

- 學名＝Eruca vesicaria subsp. sativa
- 科名＝十字花科
- 原產地＝地中海沿岸
- 別名＝Rucola
- 高度＝約20～80cm
- 盛產期＝4～5月、9～10月
- 可使用部分＝葉、花、莖、種子
- 用途＝料理、沙拉

芝麻葉在義大利被稱為「Rucola」，是像蔬菜一樣到處都有販售的普遍香草。葉子雖然帶有刺激的辛辣味，但是類似芝麻的迷人香氣卻令人愈吃愈上癮。葉子可以做成沙拉生食，或是加到披薩、義大利麵中享受其風味。由於富含維他命C、E，而且即便隆冬時節也能採收，只要栽種在庭院一角就能多方利用。用容器種植也很容易，可以和萵苣、野苣等一起播種在容器或小箱子裡，打造出一座迷你沙拉菜園。花可以用來裝飾沙拉和湯，種子則可以加入醃菜增添香氣。

Variety use

❖可使用部分 葉 花 莖 種

雖然也可以像蔬菜一樣做成涼拌菜，不過如果要享受芝麻菜獨特的微苦風味，還是建議直接生食。

❖做成料理……

柔軟的嫩葉最適合做成沙拉。和萵苣、水菜等搭配使用會更加美味。若用彩椒、小番茄增添色彩，則能令風味和顏色更顯豐富華麗（左圖）。長大後變硬的葉子可以汆燙做成涼拌菜或是拿去炒。右圖是將撕碎的葉子鋪在麵包薄片上，再放上水煮蛋拌美乃滋做成的開胃小菜，可以沾點香草油享用。將上面的配料改成煙燻鮭魚、生火腿、起司、酸奶油、葡萄乾奶油也非常美味。將花從莖上取下後，可以直接放在湯上點綴或作為沙拉的配料。

Taking care

適宜環境

喜歡日照充足且排水、通風良好的場所。長時間暴露在直射陽光下會使得葉子變硬，因此如果種在院子裡必須遮陽防曬，若是盆植則移到沒有西曬的半日照環境。

繁殖方式

以播種方式繁殖。秋天播種較能長期收成風味絕佳的葉子。用來採種的苗則要盡可能讓它結實，不要採收。

採收：採收期 10～7月

等到長出大約10片葉子即可採收。從下方的葉子開始慢慢採收，只要不一次從同株苗過度採收，就能延長收成的時間。種植後間拔下來的葉子也可以利用。

栽種方式的重點

種植——如果是地植，必須充分翻土以強化排水功能。種子要採取條播的方式，覆上約5mm的土後輕輕按壓。為避免葉子重疊，要不時間拔同時採收，讓株距保持在15cm以上。

供水——以帶有適度濕氣的土壤栽培才能長出柔軟的葉子。如果是盆植，要等到土壤表面乾了再給予充足水分。若土壤過於乾燥，葉子就會出現苦味，因此須留意水分不足的問題。

肥料——種植時要在土中混入緩效性肥料。每2週給予1次液肥作為追肥。

病蟲害——只要通風不良或土壤過於乾燥，就容易出現蚜蟲、夜盜蟲。一旦發現有蟲就要驅除。

每日照顧——當植株底部的土壤開始變硬，要用鏟子等工具不時翻動鬆土。待長到一定程度後，只要事先從莖的底部將花芽剪下以避免抽苔，就能長期收成葉子。雖具耐寒性，冬天最好還是要擺在日照充足的屋簷下，或是用腐葉土覆蓋。

Calendar	1月	2月	3月	4月	5月	6月	7月	8月	9月	10月	11月	12月
盛產期												
種植、開花				秋播		春播						
採收期												
繁殖期												

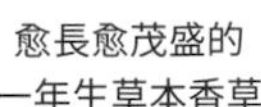

像蓮葉帶有圓弧感的葉子，和鮮豔花色之間的對比令人印象深刻。運用枝條下垂的模樣，種植在初夏的花圃邊緣，或是種在吊籃裡掛起來都很漂亮。

鮮豔的色彩挑動食慾

金蓮花

Garden Nasturtium

DATA

- 學名＝Tropaeolum majus cv.
- 科名＝金蓮花科
- 原產地＝哥倫比亞、秘魯、玻利維亞
- 別名＝旱金蓮、凌霄葉蓮（日文名稱）
- 高度＝約50～300cm（藤蔓的長度）
- 盛產期＝4～6月
- 可使用部分＝葉、花、莖、果實
- 用途＝料理、沙拉

金蓮花是自然生長於哥倫比亞、秘魯等高冷地區的香草，橘色、紅色、黃色的鮮豔花色使其也成為很受歡迎的園藝品種。有50cm到1m的矮種，也有會長到約3m的品種，可種在吊籃裡欣賞枝條下垂的模樣，或種在花圃的邊緣使其匍匐。花、葉、果實皆可食用，每種都帶有辛辣口感為其特徵。花可作為食用花，當成沙拉、料理、點心的配料使用。新鮮的葉子只要夾進三明治裡就能夠代替黃芥末。果實則可以用來製作醃菜。

Variety use

❖可使用部分 葉 花 莖 果

葉子帶有西洋菜一般的辛辣味，可以為沙拉增添風味。花色也很多樣，不妨多栽培幾種看看。

❖做成料理……

新鮮的葉子和花可以做成沙拉（左圖）。花因為容易枯萎，使用前要先泡在冰水中。只要在將白肉魚切成薄片後撒上鹽巴、胡椒，再滴上香草油做成的義式生魚片底下鋪上新鮮葉子，看起來就會非常吸引人。之後用大片葉子將魚包起來享用。在填滿蛋、火腿、蔬菜的三明治中夾入1、2片新鮮葉子，恰到好處的辛辣味可以發揮黃芥末一般畫龍點睛的提味效果（右圖）。也可以將切碎的葉子混入人造奶油中，抹在麵包上享用。果實可做成醃菜，代替酸豆進行醃漬，作為煎炒料理的配菜。

Taking care

適宜環境

喜歡排水、通風良好且日照充足的場所。不耐極端的寒冷和酷暑。雖然不耐盛夏的直射陽光，會暫時停止開花，但只要移到半日照的涼爽處，秋天又會再次開花。

繁殖方式

以播種或芽插方式繁殖。芽插的做法是剪下尚未開花和長出花蕾的嫩芽，泡在水裡幾小時後插入土中，過了大約3～4週便會發根。即便是自然掉落的種子也能輕易發芽。

採收：採收期 5月中旬～11月中旬

葉子一定要從莖的底部摘取。花因為容易損傷，最好使用前才採收。剛開始綻放的花最適合收成。

栽種方式的重點

種植 —— 在3月中旬到5月中旬這段期間播種。帶有硬皮的種子要在水裡浸泡一整天再種。等到長出2、3片葉子就取20cm左右的株距定植，並且小心不要傷到根。

供水 —— 在發芽之前要避免乾燥缺水。如果是盆植，要等到土壤表面乾了再給予充足水分。澆太多水容易徒長，因此必須保持稍微偏乾燥的狀態。只不過因為不耐夏季乾燥，所以須留意水分不足的問題。

肥料 —— 種植時要在土中混入少量緩效性肥料。開花時，要以每2週1次的頻率給予速效性液肥。

病蟲害 —— 過於乾燥便容易出現葉蟎。由於葉蟎怕水，因此最好不時也在葉子背面灑水來預防蟲害。

每日照顧 —— 由於藤蔓容易徒長，因此必須勤於摘芯，如此莖數才會增加，長成整體平衡美觀的龐大植株。開完的花只要勤於摘除、不讓它結出種子，植株的壽命就會延長，能夠長期欣賞到美麗的花朵。

Calendar	1月	2月	3月	4月	5月	6月	7月	8月	9月	10月	11月	12月
盛產期												
種植、開花												
採收期												
繁殖期												

新鮮葉片有著獨特的強烈氣味，具有促進消化、強健腸胃的功效。可愛的小白花卉會齊聚綻放。葉子最好要在開花之前採收。

從亞洲到西式料理皆能使用

芫荽

Coriander

DATA

- 學名＝Coriandrum sativum
- 科名＝繖形科
- 原產地＝地中海沿岸
- 別名＝胡荽、龜蟲草（日文名稱）
- 高度＝約20～120cm
- 盛產期＝4～6月、9～10月
- 可使用部分＝葉、莖、種子、根
- 用途＝料理、沙拉、點心

芫荽這種香草也是廣為人知的蔬菜，在中國被稱為香菜，在泰國被稱為pakuchī，是亞洲料理中非常普遍的素材。葉片有著獨特的強烈氣味，在日本有些人不是很喜歡，但是除了替肉類、魚類料理去腥之外，芫荽葉還可以用來點綴沙拉和粥，或是連莖一起炒後用魚露調味做成美味佳餚。就連根也可以為湯品增添香氣，整株從頭到尾都可以利用。經過乾燥的成熟種子帶有香甜氣味，可為料理、點心提香。除了整顆拿去醃漬或加到燉菜、醃料中，用粉末取代香料加到咖哩、餅乾裡也很美味。

Variety use

❖可使用部分 葉 莖 種 根

泰國等亞洲料理經常使用。因氣味強烈，使用少量即可為料理畫龍點睛。

❖做成料理……

由於氣味會流失，因此比起乾燥更建議使用新鮮芫荽，比方像鴨兒芹一樣放在湯上點綴，或是用來裝飾冬粉沙拉。越式春捲的作法，是用噴霧器在米紙上灑水使其軟化後，放上喜歡的料（冬粉、小黃瓜、彩椒、蝦子、雞肉等）和撕成小片的新鮮芫荽葉，包起來就完成了。之後沾取甜辣醬享用（左圖）。

❖做成醬料……

將新鮮葉片切末後加進醬油裡，就變成一道充滿異國風味的沾醬（右圖）。和泰國魚露、越南魚露也很對味。

Taking care

適宜環境

喜歡日照充足且排水良好的肥沃場所。盛夏時容易因天氣炎熱而抽苔，導致葉子變硬，因此最好移至涼爽的半日照環境種植。

繁殖方式

以播種方式繁殖。自然掉落的種子雖然也能繁殖，但因為屬於脆弱的軸根系植物，若要移植須在長出1～4片本葉時進行。

採收：採收期 3月～11月中旬

等到植株高度長到約20cm即可採收葉子。不要採收老舊的葉片，而要摘取柔軟且香氣十足的嫩葉。為避免植株衰弱，記得一次不要採摘過多。待種子完全成熟呈現茶褐色，就從植株的根部割下，使其乾燥。雖具耐寒性，可是一旦結霜葉子就會發黑。

栽種方式的重點

種植 —— 從播種開始種植，葉子的可利用時期會比較長。種子因為是2顆貼在一起，所以要稍微按壓使其分開，然後泡水一整天再播種，才容易發芽。由於芫荽不喜歡移植，因此要直接點播在院子或盆器裡。間拔後，取30cm以上的株距定植。

供水 —— 如果是地植就不需要特別澆水。若是盆植，要等到表面乾了再給予充足水分。過度潮濕是造成根部腐爛的主因，因此梅雨季節須減少供水。

肥料 —— 種植時要施予緩效性肥料作為基肥。追肥則是每2個月施予1次緩效性固肥。

病蟲害 —— 植株底部濺到雨水或沾上泥巴若置之不理，植株就會變得衰弱，容易遭受蚜蟲、夜盜蟲的危害，須特別留意。

每日照顧 —— 莖延伸後容易倒下，需要架支柱支撐。如果想要長期持續收穫葉片，就要勤於摘除花芽以促進葉子生長。枯葉要適度仔細摘除。多雨季節要用稻草覆蓋或加上其他覆蓋物，以防止泥水噴濺。冬天最好要用腐葉土覆蓋。

Calendar	1月	2月	3月	4月	5月	6月	7月	8月	9月	10月	11月	12月
盛產期												
種植、開花												
採收期												
繁殖期												

青紫蘇、紅紫蘇是在日本也非常為人所熟悉的香草。因為栽培容易，很推薦在院子或陽台一隅種植。約莫從夏天開始，即可採收開始綻放的花穗（右上圖）。

常作為配料和辛香佐料的日本香草

紫蘇
Perilla

日本餐桌上不可或缺的香草，最常當成生魚片的配料，以及涼拌豆腐、麵線等的辛香佐料。分為青紫蘇和紅紫蘇，兩者皆容易栽培。種在花盆裡也能長得很好，只要有一株紫蘇，便能隨時利用新鮮的紫蘇葉，非常方便。尤其青紫蘇在各個生長階段都有不同的運用方式：嫩葉可當成生魚片的配料和蕎麥麵等的辛香佐料，長大的葉子可以油炸，紫蘇花穗則可作為生魚片的配料或做成佃煮料理等。用來替梅乾上色的紅紫蘇做成紫蘇酒和果汁也非常美味，花和果實則可取代辛香佐料。

DATA

- 學名＝Perilla frutescens var.crispa
- 科名＝唇形科
- 原產地＝中國西南部及其周邊
- 別名＝──
- 高度＝約30～50cm
- 盛產期＝4～6月
- 可使用部分＝葉、花、莖、果實
- 用途＝料理、沙拉、酒、果汁

Variety use

❖可使用部分 葉 花 莖 果

紫蘇的香氣關鍵在於新鮮度，因此建議使用前才採收。若要保存備用，最好將葉軸的部分泡水。

❖做成飲品……

紫蘇酒的作法是將紫蘇葉放入燒酌或白酒、日本酒中，靜置約2星期後取出葉子，再加入蜂蜜和檸檬汁就完成了。若是使用紅紫蘇就會染成紅色。不喝酒也可以製作紫蘇果汁。將紅紫蘇葉約200g和水5杯一起煮約3分鐘，過濾後加入砂糖200g、檸檬酸1小匙。

❖做成料理……

在厚片的魚板中央劃刀，夾入青紫蘇和梅子醬，如此便成了一道下酒菜（左圖）。只要將切碎的葉子加到市售淋醬中，風味立刻大幅提升（右圖）。

Taking care

適宜環境

喜歡排水和通風良好、日照充足的肥沃場所。幼苗時期容易徒長，因此需要經常曬太陽。

繁殖方式

以播種方式繁殖。自然掉落的種子雖然也容易發芽，但因為葉子的香氣和風味會流失，所以最好還是每年都準備新的種子。若是從自家採種，要從香氣佳的植株取得種子。

採收：採收期 6 ～ 10月

等到長出大約10片本葉即可採收。從下方的葉子開始依序收成。經過摘芯的葉子和間拔苗也能有效利用。紫蘇花是長出約10cm的花穗，並且花開一半的紫蘇。紫蘇穗則是花謝後，穗下方結出少許果實的紫蘇。完全成熟的果實可當成紫蘇果實採收。

栽種方式的重點

種植 —— 由於種子不易吸收水分，最好泡水一晚再播種。因為沒有光線就不會發芽，所以要散播在苗床上，然後用手按壓即可，不要將土覆蓋上去。栽培過程中要一邊適度間拔苗，直到株距超過20cm。

供水 —— 在發芽之前要避免乾燥缺水。發芽後，要等到土壤表面乾了再給予充足水分。一旦缺水，葉子就會變硬或停止生長，因此必須勤於供水。加上覆蓋物可有效預防夏季乾燥。

肥料 —— 種植時要在土中混入緩效性肥料。一旦沒有了肥料，植株就會失去活力，因此最好每月施予2次左右的液肥，或是施用固肥。

病蟲害 —— 容易出現蚜蟲，一旦發現有蟲就要驅除。

每日照顧 —— 只要在長到一定程度、高度達20cm左右時摘芯，就會冒出側芽且增加枝條數量，進而長出許多葉子。若想長期利用葉子，就要提早摘除花穗。

Calendar	1月	2月	3月	4月	5月	6月	7月	8月	9月	10月	11月	12月
盛產期				—	—	—						
種植、開花				—	—							
				—	—	—						
							—	—	—	—		
採收期							—	—	—	—		
						—	—	—	—	—		
								—	—	—		
繁殖期				—	—							

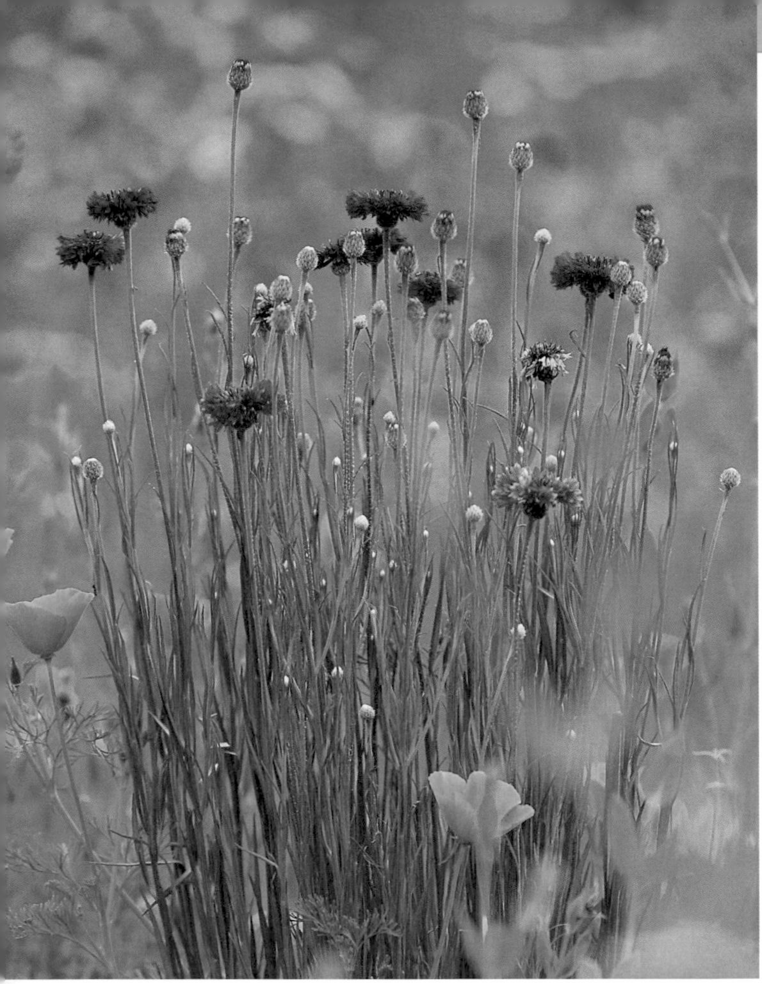

愈長愈茂盛的
一年生草本香草

12

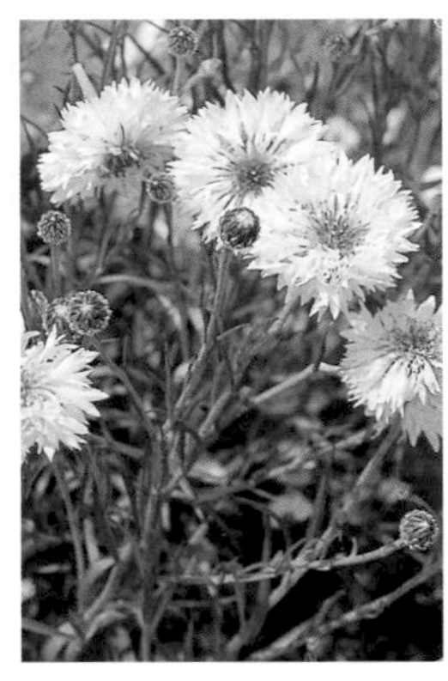

精神飽滿地向上綻放的花朵令人印象深刻。體質強健，即便是自然掉落的種子也能繁殖。做成乾燥花時，只要摘取剛開始綻放的花朵就不易褪色。

鮮豔花色非常適合用來點綴噗噗莉

矢車菊

Cornflower

英文名稱為Cornflower，矢車是日本的一種風車。筆直延伸的細莖前端，會開出藍色、白色、粉紅色、紫色等鮮豔花朵，無論用來點綴花圃，或是做成切花都很好用。由於在花剛開始綻放時摘下就不會褪色，因此很適合乾燥後做成乾燥花或是噗噗莉。另外也推薦巧妙運用亮麗的藍色製作花環。

在食用上，新鮮花朵可以用來點綴沙拉和甜點。熬煮花瓣得到的液體因具收斂效果，可作為化妝水、養髮液使用。亦可以相同方式用葉子製作洗面乳，或是製作成舒緩眼睛疲勞的貼布。

DATA

- 學名＝Centaurea cyanus
- 科名＝菊科
- 原產地＝歐洲東南部、小亞細亞
- 別名＝藍芙蓉、矢車草
- 高度＝約30～100cm
- 盛產期＝3～4月、9～10月
- 可使用部分＝葉、花
- 用途＝沙拉、點心、茶、化妝水、噗噗莉

Variety use

❖可使用部分 葉 花

一般都是利用鮮豔的藍色花朵做成乾燥花和噗噗莉，不過也會讓人想要積極運用在茶和甜點上。

❖做成茶飲……
在杯中放入2、3朵新鮮或經過乾燥的花，然後倒入熱水飲用。乾燥花也可以加進紅茶裡（左圖）。

❖做成甜點……
將花連同莖一起採收，然後讓花瓣乾燥，當成冰淇淋的裝飾（右圖）。也可以在熬煮花朵得到的液體中加入砂糖、吉利丁、檸檬汁，做成冰涼美味的果凍。

❖做成化妝水……
在新鮮或乾燥的花中倒入熱水，放涼30分鐘後過濾就是化妝水了。亦可以相同方式，用莖和葉製作舒緩眼睛疲勞的貼布。由於兩者皆未添加防腐劑，因此請務必一次使用完畢。

Taking care

適宜環境

喜歡日照良好的肥沃土壤。在潮濕的土中不易生長，因此必須選擇排水良好的土壤。討厭過於潮濕的環境，需要放置在通風良好的場所。

繁殖方式

以播種方式繁殖。即便是自然掉落的種子也能每年都輕易發芽。體質強健，連在小巷裡也能像雜草一樣生長茂盛。

採收：採收期 4 ～ 7月中旬

葉子要適度地從植株底部剪下。花開之後，要在形狀和顏色最漂亮的2、3天內，連莖一起採收。即便只使用花朵，最好也要連莖一起剪下。

栽種方式的重點

種植 —— 只要在秋天播種就會開出許多花，長成龐大的植株。可以直接播種在院子或盆器裡。植株一旦過於密集雜亂，通風就會變差，導致植株日漸衰弱，因此栽培過程中要不時間拔，最終讓株距達30cm以上。

供水 —— 土壤隨時都處於潮濕狀態會導致根部腐爛，因此要等到土壤表面乾了再給予充足水分。因為過於乾燥植株也會變得衰弱，所以須留意缺水的問題。

肥料 —— 雖然沒有肥料也會生長，但種植時將緩效性肥料當成基肥施予，會讓植株長得特別健康。矢車菊會將肥料全部吸收、持續不停地長高，因此需要適度調節施予的液肥分量。

病蟲害 —— 植株一旦衰弱，就容易出現葉蟎或罹患白粉病。注意不要過於潮濕、過度乾燥，並且保持良好通風。

每日照顧 —— 開完的花要勤於從植株底部摘除，如此便能長期欣賞到美麗花朵。因為長得很高，感覺快要倒下的植株要以支柱支撐。植株太過密集會通風不良，進而導致病蟲害產生，因此須適度修剪雜亂的枝條，讓植株底部也能照射到陽光。

Calendar	1月	2月	3月	4月	5月	6月	7月	8月	9月	10月	11月	12月
盛產期			—	—					—	—		
種植、開花									—	—	—	
			—	—						—	—	
					—	—	—					
採收期					—	—	—					
				—	—	—						
							—	—				
繁殖期									—	—	—	

愈長愈茂盛的
一年生草本香草

12

等到長出茂盛的葉子就可以收成了。只要從外側一點點地摘取，便能長時間享受收成的樂趣。左圖和右下圖是一般熟悉的「捲葉香芹」，右上則是「義大利香芹」。

料理之中不可或缺的配角香草

歐芹

Parsley

為料理增色的經典香草。世界各地都愛用，在日本同樣除了西餐外，也被廣泛運用在日式料理中。原產於地中海沿岸，葉子富含維他命A、B、C和礦物質。若用來搭配生魚片、壽司等生食，可期待葉片中所含的葉綠素發揮防腐功效。最為普遍的是葉片捲曲皺縮的「捲葉香芹」，不過葉片平坦的「義大利香芹」的使用方法也相同。兩者都是只要在初夏時開花，植株便會枯萎，因此須特別留意。在低溫下栽種會導致不易長出花芽，所以冬季要移入室內，如此才能夠長期採收。

DATA

- 學名＝Petroselinum crispum
- 科名＝繖形科
- 原產地＝地中海沿岸
- 別名＝荷蘭芹、捲葉香芹
- 高度＝約30cm
- 盛產期＝4～6月、9～10月
- 可使用部分＝葉、莖
- 用途＝料理、沙拉

Variety use

❖可使用部分 葉 莖 ※懷孕期間應避免使用

葉片切末後只要用廚房紙巾吸乾水分，就會變成鬆散的粉末狀，非常方便使用。

❖做成料理……

將新鮮葉片切碎，做成塔塔醬。分別將水煮蛋1顆、酸黃瓜半條、洋蔥1/4顆、歐芹切碎，加入少許美乃滋和胡椒攪拌（右圖）。香氣濃郁的風味除了搭配可頌三明治（左圖），切碎後加到義大利麵、歐姆蛋、燉飯中也非常美味。大量採收時只要切碎後冷凍保存，即可方便隨時取用。

❖做成香料……

混合香草（參考P.16）的作法，是將相同分量的新鮮歐芹、峨蔘、龍蒿、細香蔥（淺蔥也可以）切末後混合在一起。可混入沙拉、湯、奶油中使用。

Taking care

適宜環境

喜歡日照充足且帶有適度濕氣的肥沃場所。氣溫超過25°C便會生長遲緩，因此必須選擇通風良好的涼爽場所。由於夏季的強烈陽光會讓葉子變硬，所以要在半日照的環境下種植。若是盆植，為避免在梅雨季節長時間遭受雨淋，必須移至屋簷底下。

繁殖方式

以播種方式繁殖。秋天播種，即可在隔年春天開始收成。

採收：採收期 3～11月

等到長出12～13片葉子即可收成。為避免傷到植株，要連莖一起摘下。「捲葉香芹」最好從下方完全捲縮的葉子開始採收。一次收成太多會使得植株衰弱，因此要一點點地採收。

栽種方式的重點

種植——種子要泡水一晚才容易發芽。點播在院子或盆器裡。為加強排水，最好要在院子裡堆壟做畦。因為沒有光線就不會發芽，所以只要用手輕壓即可，不要將土覆蓋上去。避免使土壤乾燥，並且間拔到株距達30cm左右。如果需要苗，移植時須小心不要傷到根。

供水——等到土壤表面半乾再給予充足水分。一旦乾燥缺水葉子就會變黃，風味也會流失。

肥料——種植時要在土壤中混入緩效性肥料。一旦沒有了肥料，植株就會失去活力，葉子還可能變黃，因此每2週就要施予1次液肥或固肥。

病蟲害——高溫乾燥期容易出現赤蟎。春秋兩季則要注意鳳蝶的幼蟲。

每日照顧——下方的老舊葉片和變黃的葉子，要連莖一起勤於去除。只要一發現花莖就及早剪下，便能長期採收葉片。用稻草等覆蓋植株底部可反射強光和預防乾燥。冬天要擺放在室內溫暖的窗邊。

Calendar	1月	2月	3月	4月	5月	6月	7月	8月	9月	10月	11月	12月
盛產期												
種植、開花												
採收期												
繁殖期												

愈長愈茂盛的
一年生草本香草

12

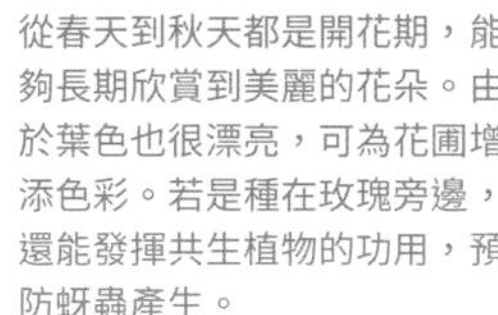
從春天到秋天都是開花期，能夠長期欣賞到美麗的花朵。由於葉色也很漂亮，可為花圃增添色彩。若是種在玫瑰旁邊，還能發揮共生植物的功用，預防蚜蟲產生。

白色和黃色的對比明亮動人

小白菊

Feverfew

小白菊是菊科的香草，會開出和洋甘菊相似的白花，除了做成切花來觀賞，種在院子裡還能發揮防蟲效果。至於在食用方面，則是可以摘下柔軟葉片的前端，撒在沙拉上當作裝飾。由於帶有菊科特有的強烈氣味，因此少量使用即可。直接食用葉片或泡成茶飲用，據說可治療偏頭痛。另外，將乾燥或新鮮的花、葉子放進浴缸，能夠消除一整天的疲勞。

原本屬於多年生草本植物，但是因為不耐高溫多濕，在日本很難熬過夏天，所以本書將其歸類為二年生草本。

DATA

- 學名＝Tanacetum parthenium
- 科名＝菊科
- 原產地＝亞洲西南部、巴爾幹半島
- 別名＝夏白菊
- 高度＝約50～60cm
- 盛產期＝4～6月
- 可使用部分＝葉、花、莖
- 用途＝沙拉、茶、入浴劑、噗噗莉

Variety use

❖可使用部分 葉 花 莖　　※懷孕期間應避免使用

一般用法是乾燥後做成茶飲和噗噗莉。因具備防蟲效果，不妨就善加利用來保護鞋子和衣物吧。

❖做成茶飲……

將葉子和花連莖一起剪下陰乾，然後磨碎備用。建議1杯加入約1茶匙的量即可。悶泡約5分鐘後倒入杯中。雖然略帶苦味，在腦袋昏沉、感到不適時飲用卻有提振精神的效果（左圖）。另外，將茶冷卻做成的臨時漱口水，還有緩解喉嚨痛的作用。

❖做成噗噗莉……

將剪下的葉子和莖集結成束，放置於通風良好處風乾。由於也有驅蟲效果，做成香包放進衣櫥也是不錯的點子（右圖）。

Taking care

適宜環境

只要日照充足且排水良好，無論何種土壤皆能健康生長。因不耐高溫多濕，從梅雨季節到夏天這段時間尤其需要加強通風。雖然承受得了寒冷的冬天，建議最好還是用腐葉土覆蓋防寒。

繁殖方式

以播種或芽插方式繁殖。以芽插方式繁殖時，要在春天剪下約10cm的新芽，去除下方葉子後插在膨脹蛭石或小顆的赤玉土中。即便是自然掉落的種子也能順利繁殖。

採收：採收期 3月中旬～11月中旬

待植株長到一定程度即可適度採收葉片。春天到秋天皆可收成。開花後要留下接近地面的1/3，連同莖葉一起剪下採收。之後花的部分則要摘下來，乾燥利用。

栽種方式的重點

種植 —— 在早春或秋天，播種於日照充足且排水良好的土壤中。撒在盆器或苗床上，一邊種一邊間拔，最終讓株距達到30～40cm後定植。開花時間很長，秋天播種的話隔年春天就會開花，若是春天播種則會從夏天開始綻放。高溫期有可能不會開花。

供水 —— 因為討厭過度潮濕的環境，所以需要減少供水。如果是盆植，要等到土壤表面乾了再給予充足水分。若是地植則幾乎不需要澆水。

肥料 —— 種植時要施予緩效性肥料作為基肥。春秋兩季的生長期要每2個月給予1次緩效性肥料作為追肥。施予過多肥料會導致只有葉子長得很多，植株整體變得龐大，因此若想讓花開多一點就不要讓植株長得太大。

病蟲害 —— 乾燥的環境容易出現令葉子產生白斑的葉蟎，須特別留意。

每日照顧 —— 因不耐高溫多濕，為防止悶熱，梅雨來臨前須修剪根部和莖葉以維持良好通風。盆植到了夏季最好要移至通風良好的涼爽場所。

Calendar	1月	2月	3月	4月	5月	6月	7月	8月	9月	10月	11月	12月
盛產期												
種植、開花			秋播			春播						
採收期												
繁殖期												

愈長愈茂盛的
一年生草本香草

12

細如絲線的葉子分枝性佳，會長到1m左右的高度。開花期是春天到初夏。黃色小花齊聚綻放的模樣清新迷人，也能作為觀賞之用。

可用來裝飾魚類料理和增添風味

蒔蘿

Dill

DATA

- 學名＝Anethum graveolens
- 科名＝繖形科
- 原產地＝歐洲南部～亞洲西南部
- 別名＝刁草
- 高度＝約60～100cm
- 盛產期＝4～5月
- 可使用部分＝葉、花、莖、種子
- 用途＝料理、沙拉

模樣宛如掃帚的繖形科香草，因為很適合搭配魚而有了「魚之香草」的別名。細如絲線的葉子帶有清新香氣，在北歐堪稱是製作醃料和鮭魚等魚類料理時絕不可少的香草，此外也會將其切碎後做成淋醬、美乃滋和湯品。只要將葉子浸泡在醋或油之中，就成為替餐桌增添風味的最佳香料。種子中富含鈣質、礦物質、磷等，非常推薦採收下來利用。種子因為帶有些許辛辣感，建議用來製作醃菜的醃漬液，或是為沙拉、點心等提味。

Variety use

❖可使用部分 葉 花 莖 種

葉子可為醃料增添香氣，花可以混入酸奶油中搭配肉類料理享用，讓美味程度倍增。種子則和帶有酸味的料理很契合。

❖做成料理……

剪下所需分量的葉子放入煙燻鮭魚的醃料中，如此便能令美味程度倍增（左圖）。也很適合用來裝飾蛤蜊巧達湯（右圖）。蒔蘿和馬鈴薯很對味，只要將葉尖切碎之後和蒸熟去皮的馬鈴薯混合，並以鹽巴、胡椒調味，如此馬鈴薯沙拉便完成了。另外也可以將葉尖放入醋中做成香草醋，為沙拉等料理增添香氣。將蘋果醋和等量的水、砂糖、鹽巴、蒔蘿種子、蒔蘿的花或莖、黑胡椒少許、月桂葉1片稍微煮滾，之後倒入裝有小黃瓜的密閉容器靜置大約3天。約可保存1個月。

Taking care

適宜環境

喜歡日照充足且排水、通風良好的場所。不會特別挑土質。

繁殖方式

因為討厭移植，故採取直播種子的方式。若放著不管，初夏時會結出果實，因此必須提早摘芯，讓植株充分長大。

採收：採收期 3 ～ 8月

等到長出茂密的葉子就可以從下方開始依序採收。一旦剪掉最上面的頂芽生長點就不會再長高，須特別留意。當花枯萎變成褐色時，要連莖一起剪下陰乾，乾燥保存。

栽種方式的重點

種植 —— 可於春秋兩季播種，不過秋播比較容易長得健康又大株。因為討厭移植，種子要直播在日照充足且排水良好、可以定植的場所。屬於軸根系植物，植株可以長得很高大，因此土要翻得比較深，若是盆植則要選擇較深的容器。

供水 —— 如果是地植，基本上不需要澆水。播種後和定植之後要勤於供水，直到確實扎根為止。若是盆植，要等到土壤表面乾燥且葉尖稍微彎曲再給予充足水分。

肥料 —— 種植時要在土壤中混入緩效性肥料。追肥要在春天到秋天之間施予。

病蟲害 —— 春秋兩季容易出現鳳蝶的幼蟲，花和果實則容易遭椿象危害。

每日照顧 —— 由於植株可長到1m左右的高度，因此開始長高後為避免植株倒下，最好豎立支柱，或是將土壤堆到植株底部、增加分量。冬天要用腐葉土等覆蓋防寒。

Calendar	1月	2月	3月	4月	5月	6月	7月	8月	9月	10月	11月	12月
盛產期												
種植、開花												
採收期												
繁殖期												

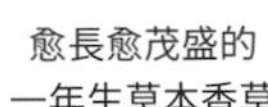

高度最多可長到約150cm。初夏到秋天會開出淺藍色花朵，亦可作為食用花使用。

栽培容易，葉子和花朵都帶有獨特風味

菊苣

Chicory

DATA

- 學名＝Cichorium intybus
- 科名＝菊科
- 原產地＝歐洲～西伯利亞、非洲北部
- 別名＝苦苣、菊苦菜（日文名稱）
- 高度＝約120～150cm
- 盛產期＝9～10月
- 可使用部分＝葉、花、莖、根
- 用途＝料理、沙拉、茶

主要原產地為歐洲的菊科植物，在原產地是多年生草本，但是在日本被當成一年生草本或二年生草本。在法文中又稱為endive，彷彿將白菜芯縮小一般的軟化葉是很常見的西洋蔬菜。苦味很淡，做成沙拉可以享受清脆的口感。新鮮的葉子可以直接切碎，為沙拉、義大利麵料理提味。美麗的藍紫色花朵也可以當成食用花直接享用。另外，用經過乾燥的根烘烤製成的菊苣咖啡，喝起來口感溫潤、沒有太多苦味，是不含咖啡因的咖啡替代品。

Variety use

可使用部分 葉 花 莖 根

菊苣是知名的軟化栽培蔬菜，嫩葉也可供食用。味道微苦，可做成沙拉等料理。

做成料理……

花蕾可浸泡在加了醋、砂糖、鹽巴少許的甜醋中，做成醃菜。微苦的葉子可以用來炒，或是稍微汆燙後加到燉菜裡。另外將新鮮葉片切碎，加到沙拉中也很美味。經過軟化栽培的葉子可以做成前菜（左圖）。也可以放上煙燻鮭魚、藍乳酪等。

做成咖啡……

將根清洗乾淨後切成寬約5mm的薄片，在陰涼處徹底晾乾，用平底鍋炒到變成褐色。用咖啡磨豆機研磨，之後即可像一般咖啡一樣沖泡飲用（右圖）。也可以混入咖啡豆中。

Taking care

適宜環境

真要說起來，應該算是喜歡涼爽且通風良好的場所。由於不耐高溫多濕，需要避開一整天都會照射到盛夏的直射陽光的地方。

繁殖方式

建議採播種方式。自然掉落的種子也能順利繁殖。

採收：採收期4月中旬～10月、12～2月

若要採收軟化葉，要在9月左右將根挖起來，從距離根部3cm處剪下葉片。在較深的容器中放入混合腐葉土的土壤，讓根的上半部能夠被遮蓋。接著只要在黑色塑膠袋上挖排水孔或以紙箱覆蓋，置於10～18°C的場所，如此便會長出軟化葉。

栽種方式的重點

種植——喜歡排水良好的肥沃土壤。由於根會深深地筆直往下生長，因此如果是地植，必須在種植前充分翻土。若是盆植則要準備較深的容器。播種時期以春秋兩季為佳。因為討厭移植，直播之後最好要適度間拔。由於植株會長得很高，需要取30cm以上的株距定植。

供水——等到土壤表面乾了再給予充足水分。若是盆植，須留意乾燥缺水的問題。

肥料——只要在種植時多混入一點緩效性肥料或腐葉土，根就會發育得很好。追肥要以每2星期1次的頻率施予緩效性肥料。若是軟化栽培則不需要施肥。

病蟲害——春秋兩季容易罹患白粉病，需要留意乾燥、多濕的問題。也要記得防範蚜蟲。

每日照顧——植株長高後要適度給予支撐。若不採取種子，那麼只要勤於摘除花序梗，花就會開得很好。

Calendar	1月	2月	3月	4月	5月	6月	7月	8月	9月	10月	11月	12月
盛產期												
種植、開花							軟化				軟化	
採收期			軟化									軟化
繁殖期							軟化			軟化		

從早春就開始為花圃增色，是相當受歡迎的園藝花卉。花期較長，只要勤於摘除花梗序，花朵便會接連綻放。有單瓣和重瓣這兩個品種。

鮮豔的橘色、黃色花朵令人印象深刻

金盞花

Pot Marigold

原產於歐洲南部的菊科植物，宛若太陽的橘色、黃色花朵十分迷人。在日本主要是當成點綴花圃的觀賞用植物，但是在歐洲卻被視為萬用藥，或者取代番紅花為香料飯上色，是非常為人所熟悉的一種香草。新鮮的花瓣帶有輕微苦味，可以和嫩葉一起撒在沙拉上，或是為醬汁、湯品上色。用新鮮或乾燥花瓣熬煮出來的液體經過過濾後，具有淨化皮膚、使其平滑柔嫩的功效，除了做成化妝水和面霜外，也可以當成入浴劑使用。

DATA

- 學名＝Calendula officinalis
- 科名＝菊科
- 原產地＝歐洲南部
- 別名＝唐金盞花（日文名稱）、金盞菊
- 高度＝約40～60cm
- 盛產期＝2～4月、10～12月
- 可使用部分＝葉、花、莖
- 用途＝沙拉、茶、化妝水、面霜、入浴劑

Variety use

❖可使用部分 葉 花 莖

※懷孕期間應避免使用

一下就吸引眾人目光的鮮豔橘色充滿魅力。美麗的顏色非常適合用來點綴沙拉。

❖做成茶飲……

使用新鮮或乾燥的花瓣。以泡成1杯的分量來說，建議使用新鮮花瓣15g或乾燥花瓣5g。注入熱水200ml悶泡約3分鐘後倒入杯中，接著依個人喜好加入檸檬或蜂蜜（右圖）。

❖做成料理……

用手摘下整朵鮮花或是花瓣，並撒在沙拉上作為裝飾，讓料理的外觀更顯華麗（左圖）。也可以一併放入嫩葉。

❖做成冰塊……

將整朵小花或大花的花瓣放入製冰盒中結凍，做成將花冰凍於其中的美麗冰塊。夏季時可以放在飲料中享用。

Taking care

適宜環境

喜歡排水良好的肥沃場所。因為種在陰涼處不容易開花，所以最好挑選日照充足的場所。雖然耐寒，但是冬天的寒風會使得葉尖枯萎，植株本身也會衰弱，因此須留意不要讓植株受強風吹襲。根因為有驅避線蟲的功用，建議也可以種在菜園裡。

繁殖方式

以播種方式繁殖。採收開花後的種子加以保存。即便是自然掉落的種子也能每年發芽。

採收：採收期 1 ～ 5月

主要使用花。依序採摘已經綻放的花朵，可直接使用鮮花或乾燥保存。葉芽和葉子隨時皆可採收。

栽種方式的重點

種植 —— 建議秋天播種才能長期欣賞到美麗花朵。9 ～ 10月播種於苗床，等到長出4、5片本葉就取30cm以上的株間定植。只要以10°C左右的低溫育苗便能長出節間緊密、品質優良的苗。

供水 —— 若是盆植要等到土壤表面乾了再給予充足水分。尤其冬季的乾燥氣候容易引發疾病，因此冬天也不要忘了給水。若是地植則不需要特別澆水。

肥料 —— 種植時要以緩效性肥料作為基肥。因為開花期很長，最好每月施予1次液肥或固肥。

病蟲害 —— 過於乾燥、肥料過多都容易產生葉蟎或罹患白粉病。另外，一旦發現會亂啃花蕾和葉子的潛蠅、菊鳥羽蛾、夜盜蟲等就要捕殺。

每日照顧 —— 只要勤於去除開完花的花序梗和下方枯萎的葉子，花芽便會從下方陸續長出來。若特別進行管理避免結出種子，即可長期欣賞到花朵接連綻放的美景。雖然耐寒，但是在嚴寒地區必須種植於日照良好的屋簷下。

Calendar	1月	2月	3月	4月	5月	6月	7月	8月	9月	10月	11月	12月
盛產期												
種植、開花												
採收期												
繁殖期												

蕾絲般的綠色葉片和歐芹一樣經常被用來裝飾料理。植株高度為偏矮的20～60cm，因此也很適合盆植。夏天會開出白色小花。

光是擺上去便能使料理更顯美味

峨蔘

Chervil

法文名稱為Cerfeuil，在法國有著「美食家的香草」的稱號，是會頻繁出現在餐桌上的香草植物。尤其在名為Fines herbes、以數種香草製成的混合香草中，更是不可或缺的存在。

這種香草有著和「義大利香芹」相似的纖細葉片，香氣也和歐芹類似，但是因為風味更加溫和，所以能夠切成細末，更加廣泛地運用在歐姆蛋、湯品、淋醬、肉類、魚類等各種料理中。纖細的薄葉只要經過加熱風味就會下降，因此作為料理等的配料使用時，建議務必要在最後裝飾的階段再放入。

DATA

- 學名＝Anthriscus cerefolium
- 科名＝繖形科
- 原產地＝歐洲東南部～亞洲西部
- 別名＝茴香芹（日文名稱）、細葉香芹
- 高度＝約20～60cm
- 盛產期＝4～6月、9～10月
- 可使用部分＝葉、花、莖
- 用途＝料理、沙拉

Variety use

❖可使用部分 葉 花 莖

隨時可從生長到一定程度的植株上採收。葉子因為很纖細，容易損傷，建議要使用之前才採摘。

❖做成料理……

可將新鮮葉片直接用來裝飾肉類料理、魚類料理、沙拉等。由於不耐熱，必須最後再輕輕地放上去。也可以用手撕碎或是切成末，加到義大利麵、歐姆蛋中（左圖）。除了醬汁和沾醬外，也可以混入美乃滋中增添風味（右圖）。不只是抹在麵包上烤，加在三明治裡面也能享受到不同以往的滋味。

❖做成香料……

將峨蔘、龍蒿、義大利香芹切碎混合，做成混合香草（參考P.16）。風味高雅，非常適合用來為各種料理增添香氣。

Taking care

適宜環境

喜歡通風良好、半日照的涼爽場所。略帶濕氣的肥沃土壤為佳。一旦葉片被夏季的強烈陽光灼傷就會枯萎，因此最好要適度地防曬遮陽。

繁殖方式

3～4月、9～10月播種繁殖。

採收：採收期 2～7月

發芽後過了1、2個月，長到大約10cm時即可收成。由於只會利用新鮮葉片，需要使用時要從外側的葉片開始採摘。也可以採收間拔苗。因復原力弱，須注意不要從同一株摘取過多葉片。若要採種，必須等到果實開始變成褐色再從植株底部剪下，吊掛晾乾。

栽種方式的重點

種植 —— 種子可直接撒於地面。須留意避免土壤乾燥。進行間拔，讓株距保持在20cm以上。因為討厭移植，購買苗時要盡量挑小一點的。

供水 —— 喜歡水分，適合生長在略為濕潤的土壤中，因此只要當土壤表面開始乾燥就立刻澆水，葉子很快就會變得柔軟。由於特別不耐夏季乾燥的氣候，必須留意缺水的問題。但是隨時處於潮濕狀態也會導致根部腐爛，所以須注意不要澆太多水，以免底盤積水。

肥料 —— 在土壤混入緩效性肥料作為基肥。追肥要每月施予1次的固肥，或是每月1、2次的液肥。

病蟲害 —— 容易因夏季悶熱而罹患立枯病。植株一旦衰弱便有可能出現蚜蟲，因此要小心高溫和乾燥。

每日照顧 —— 由於一開花很快就會枯萎，因此發現花莖冒出來了就要及早剪下，防止植株衰弱。

Calendar	1月	2月	3月	4月	5月	6月	7月	8月	9月	10月	11月	12月
盛產期												
種植、開花				秋播		春播						
採收期												
繁殖期												

愈長愈茂盛的
一年生草本香草

12

長有白色絨毛的花莖會開出星形的紫色花朵。只要種植在花圃或容器內，春夏兩季便能欣賞到美麗的花色。

星形的藍色花朵充滿神祕感

琉璃苣

Borage

DATA

- 學名＝Borago officinalis
- 科名＝紫草科
- 原產地＝地中海沿岸
- 別名＝瑠璃苣（日文名稱）
- 高度＝約60～80cm
- 盛產期＝4～6月
- 可使用部分＝葉、花
- 用途＝沙拉、點心、入浴劑

這款香草彷彿低頭綻放的藍色花朵美得令人眼睛為之一亮。主要用來裝飾料理和飲料，不過因為充滿神祕的華麗感，也常會作為切花的花藝素材，或是用來點綴花圃。讓花朵漂浮在冰涼飲料上，就能帶給人沁涼舒適的感受。另外若是用砂糖醃漬，再和蛋糕、冰淇淋等甜點做搭配，便能賦予點心不同以往的嶄新面貌。

長有白色絨毛的葉片呈深綠色。味道類似小黃瓜，可以做成炸物和沙拉。含有鈣質和礦物質，能夠讓身體充滿活力。

Variety use

可使用部分 葉 花

特徵是葉子和莖帶有小黃瓜般的香氣和味道。只要在沙拉中加入花，整道料理立刻就會變得非常華麗。

做成料理……

將鮮花小心翼翼地從莖上取下，仔細用水清洗之後瀝乾，為綠色沙拉進行最後的裝飾（左圖）。如果要做成糖漬花，作法是先用刷子在花的兩面塗滿蛋白，接著在正反兩面撒上細砂糖或糖粉，使其完全乾燥後置於瓶中保存。非常適合用來裝飾蛋糕、冰淇淋等甜點和飲料。葉子則可以切碎後加進沙拉。

做成入浴劑……

用木棉材質的袋子或手帕包住新鮮或乾燥的葉子、花，放入浴缸中（右圖）。

Taking care

適宜環境

喜歡日照充足且排水、通風良好的場所。因不耐高溫多濕，需要避開一整天都會照射到盛夏的直射陽光的地方。耐寒性強，可以在戶外過冬。

繁殖方式

因為種子很大顆，直播也能順利發芽。掉落的種子也經常隔年就自然發芽。

採收：採收期 4 ～ 9月

葉子可適度收成，而花要在開花時輕輕地從花萼摘下。由於開花期很短，最好看準顏色最漂亮的時候進行採收。葉子和花乾燥後會失去原本的香氣，所以如果要享受香氣就要使用新鮮的。

栽種方式的重點

種植 —— 於春天或秋天種植市售的苗。種子的話要秋天播種，才容易長得健康又大株。因為討厭移植，必須直播在日照充足且排水良好、可以定植的場所。由於屬於軸根系植物，因此土要翻得比較深，若是盆植則要選擇較深的容器。

供水 —— 因為喜歡乾燥，須留意不要給太多水。

肥料 —— 種植時要在土壤中混入緩效性肥料。只要分好幾次施予含氮量高的液肥作為追肥，即可促進植株生長。只不過須注意不要施予過量。

病蟲害 —— 幾乎沒有。

每日照顧 —— 因為討厭高溫多濕，要盡可能保持偏乾燥的狀態。如果是盆植，須移動至盛夏時不會被陽光直射的地方。若是地植則需要防曬遮陽。植株有可能在梅雨季節因悶熱而枯萎，因此為了保持良好通風，要適度修剪雜亂的部分。雖然耐寒，還是需要除霜來幫助過冬。

Calendar	1月	2月	3月	4月	5月	6月	7月	8月	9月	10月	11月	12月
盛產期												
種植、開花												
採收期												
繁殖期												

6大方法 讓香草愈長愈茂盛！

栽培香草的樂趣之一就是「自己就能輕鬆繁殖」。
以下將傳授繁殖香草的植株、花、葉的方法及訣竅。

最簡單且普遍的繁殖方式：扦插、芽插

當想要得到和自己原本種的香草同性質的香草，又或者想把推薦的苗送給身邊其他人時，可以透過使用該香草本身進行的扦插、芽插、分株、摘芯等作業，創造出香氣、花色等性質一模一樣的香草。這些作業不僅可以繁殖出性質相同的植株，還能讓體質衰弱、收成量減少的植株恢復年輕，以及整頓雜亂的植株外觀，好處可以說數也數不盡。不需要技巧，就連新手也能輕易辦到這一點也令人開心。尤其只需要剪下莖或枝條，然後插在水或土中的扦插、芽插不但做法簡單，而且適用於許多香草。由於各品種都有其適合和不適合的繁殖方式，施作前還請特別留意。

只要有一株香草苗，多年生草本就能不停繁殖出苗，一年生草本則是隔年又能從播種開始享受栽培的樂趣。

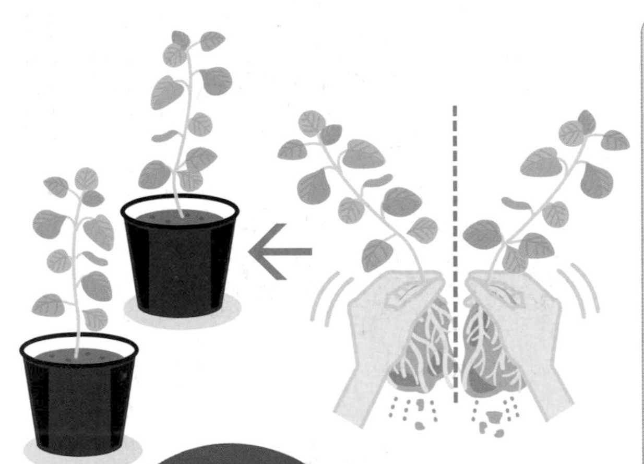

適合分株繁殖的主要是多年生草本香草。如果是盆植，當苗開始變得擁擠便是最適合分株的時候。施作時請放輕力道，以免傷到根。

分株

像繖形科、禾本科香草這種不適合扦插的品種，就要用分株方式繁殖。於春天或秋天沒有開花的時候，在分別已經長出芽和根的狀態下用手撥開，以免傷到根。用力硬扯會使得植株變衰弱，因此要在自然分離的位置將其撥開。種好後要置於半日照處，等到長出新芽再改為全日照環境。

適合分株繁殖的香草

康復力、小地榆、香堇菜、細香蔥、小白菊、香檸檬、馬鬱蘭、錦葵、薄荷、大黃、檸檬香茅、香蜂草、西洋蓍草、龍蒿、茴香、蘘荷、新風輪菜、牛膝草、羊耳草等

扦插、芽插

在繁殖香草的方式之中，扦插和芽插是適用於許多香草且較為簡單的做法。適合作業的季節為生長力旺盛的初夏和秋天，活動遲緩、插枝容易腐爛的盛夏和作為休眠期的冬天則應避免。只不過，因為只要溫度和濕度的條件具備，根還是可以生長，所以即便是隆冬，也是可以種植在有充足日照的溫暖窗邊。

【…………… 水插法 ……………】

剪下那一年新長出來的枝條的前端2、3節或10～15cm左右（剪下的枝條稱為「插穗」），將枝條插在裝了水的杯子或瓶子裡。下方的葉子要去除，以免浸泡到水。大約1星期便會發根，在那之前必須每天換水。容器也要在每次換水時一併清洗。請放置在不會被陽光直射，可以隔著窗簾照射到陽光的明亮室內。

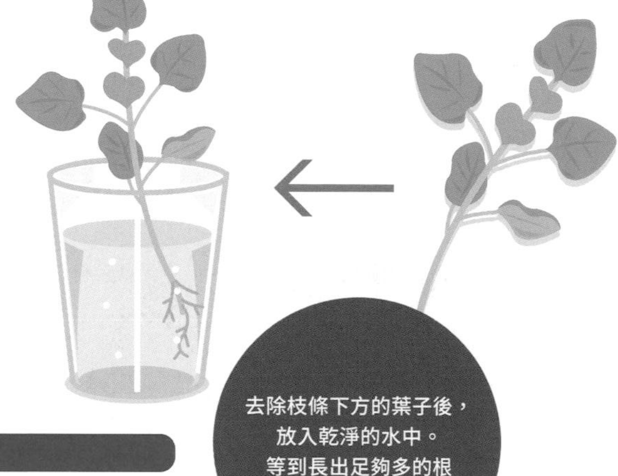

去除枝條下方的葉子後，放入乾淨的水中。等到長出足夠多的根再移植到土中。

適合水插法的香草

金蓮花、羅勒、薄荷、小白菊、西洋蓍草、香蜂草等

【…………… 土插法 ……………】

剪下未受病蟲害侵襲的嫩枝條的前端2、3節或10～15cm左右，去除下方的葉子。為了防止病菌繁殖，要在盆器或花盆裡放入全新乾淨的扦插用培養土（沒有肥料的用土），澆水使其濕潤。等到土壤整體變得濕潤，將去除下方葉片那一節以上的插穗插入土中。種植之後的3、4天要注意保持濕度，並且放置在明亮的陰涼處，之後再移動至全日照環境。

和水插法時一樣要先去除下方的葉子。事先用免洗筷在土中挖洞，然後筆直插入枝條。

適合土插法的香草

茴藿香、奧勒岡、義大利永久花、棉杉菊、貓穗草、鼠尾草、薄荷、百里香、龍蒿、香葉天竺葵、牛膝草、迷迭香、小白菊、馬鬱蘭、薰衣草、西洋蓍草、香蜂草、玫瑰等

摘芯

筆直向上生長的羅勒、薄荷、香蜂草等香草，只要剪掉植株前端的頂芽即可促進新芽生長，幫助分枝。不僅葉片的收成量會增加，整體看起來也會比較美觀，真可謂一石二鳥。

適合摘芯繁殖的香草

茴藿香、奧勒岡、新風輪菜、貓穗草、貓薄荷、紫蘇、鼠尾草、百里香、羅勒、牛膝草、小白菊、薄荷、檸檬馬鞭草、香蜂草、迷迭香、香葉天竺葵等

壓條

有些品種的植物會在倒下時從接觸地面的部分發根，壓條便是利用許多香草都具備的這種性質來進行繁殖。將想讓地上部的枝條或莖生根的部分埋入土中，並使其從該處發根。新芽開始活動的5～6月左右是最適合作業的時期。待感覺到已經生根了，就剪下包含根在內的上半部，進行移植。

適合壓條繁殖的香草

奧勒岡、鼠尾草、百里香、牛膝草、薄荷、馬鬱蘭、香蜂草、迷迭香等

播種

自家栽培的香草也可以用種子繁殖。由於只要不摘除花序梗就會結出種子，因此這時可以採收下來乾燥保存。雖然每個品種的狀況各不相同，不過適合播種的時期大致為春秋兩季（關於播種方法會從P.170開始詳細解說）。天氣太冷或太熱都不容易發芽，所以請找個溫度適合發芽的時候播種。

適合播種繁殖的香草

歐芹、芫荽、菊苣、羅勒、峨蔘、蒔蘿、金蓮花、琉璃苣、金盞花、芝麻菜、紫蘇、大黃等

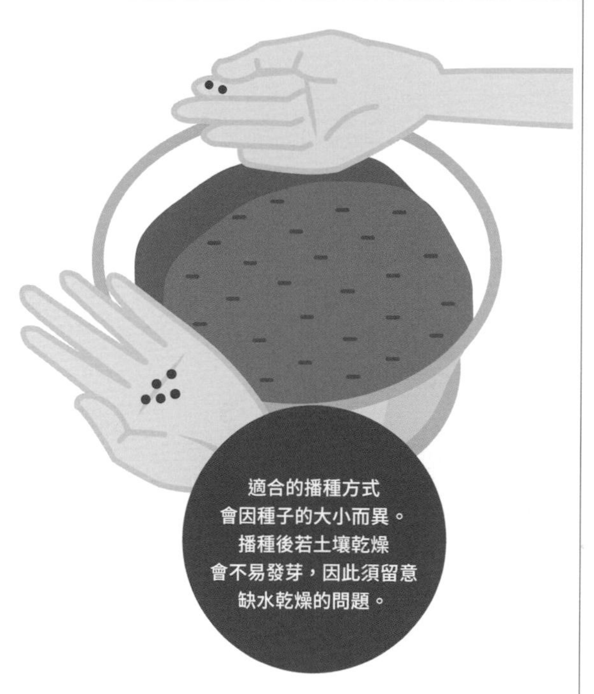

適合的播種方式會因種子的大小而異。播種後若土壤乾燥會不易發芽，因此須留意缺水乾燥的問題。

除此之外…

●用走莖繁殖

如果是野草莓、香菫菜這類會延伸出走莖的品種，可以剪下走莖前端的子株進行繁殖。

●用球根繁殖

以番紅花為代表的球根植物類香草，可以透過球根的分球進行繁殖。

主要利用花朵的香草可透過修剪讓花開得更好。
在梅雨來臨前修剪植株能夠預防悶熱。

促進新芽生長、延長植株壽命 修剪

將開完花的枝條，以及因枝條過度延伸導致外觀變得雜亂龐大的植株，剪去整體的2/3，或是從植株底部剪除的作業稱為「修剪」。這項作業可促進新芽生長，讓植株恢復年輕。不耐夏季悶熱的香草只要在梅雨來臨前進行修剪，即可讓植株底部保持日照充足、通風良好的狀態。這樣不僅容易度過夏天，有些甚至到了秋天還會再次開花，花朵的收成量也會因此增加。

可透過修剪延長植株壽命的香草

洋甘菊、鼠尾草、金盞花、薰衣草、薄荷、百里香、奧勒岡、西洋蓍草等

Lemon Balm Mallow
Catnip Tarragon
Fennel Chives
Lemongrass
Wild Strawberry Stevia
Bergamot Anise Hyssop     
Mioga Ginger
Saffron Crocus
Common Comfrey
Marjoram Rhubarb
Salad Burnet
Common Calamint

每年都能採收的
多年生草本香草 19

所謂多年生草本，是位於地上的部分
會在休眠期枯萎，到了春天又會再次萌芽的植物。
由於會持續生長好幾年，因此這類香草可以陪伴你我許久。
以下介紹怎麼種也不會膩，想要持續融入生活中的19種香草。
各位不妨也試著找出自己喜歡的香草吧。

●「栽種方式的重點」的「種植」是介紹最適合新手的簡單方法。使用其他方法也能繁殖者會在「繁殖方式」進行解說。另外，播種時期是記載於年曆中的「種植、開花」、「繁殖期」。

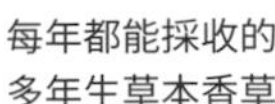

19

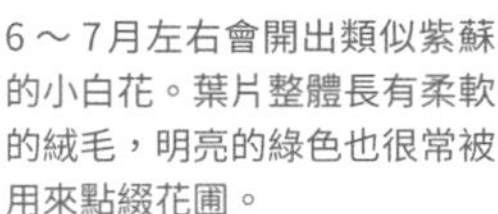

6～7月左右會開出類似紫蘇的小白花。葉片整體長有柔軟的絨毛，明亮的綠色也很常被用來點綴花圃。

柑橘類香氣令身心放鬆

香蜂草

Lemon Balm

原產於南歐的香草，亮綠色的葉片令人印象深刻。葉子帶有類似檸檬的香氣，做成香草茶飲用可以促進發汗，具有舒緩初期感冒症狀的效果。另外，和薄荷混合泡成的茶飲口感清爽，非常推薦給新手飲用。由於乾燥後香氣會變淡，一般都會將新鮮葉片直接泡成茶，或是作為糖煮水果、果凍、巴巴露亞等的配料使用。還有，若是將剛摘下的葉子或花裝進布袋再放入浴缸中，就會立刻變成入浴劑。除了能夠提升放鬆效果，還有使肌膚光滑柔嫩的功效。

DATA

- 學名＝Melissa officinalis
- 科名＝唇形科
- 原產地＝歐洲南部
- 別名＝西洋山薄荷
- 高度＝約30～60cm
- 盛產期＝3～5月、9～10月
- 可使用部分＝葉、花、莖
- 用途＝點心、茶、入浴劑、花環

Variety use

❖可使用部分 葉 花 莖

葉子經過乾燥後風味會流失，因此請直接使用。想要保存時可以冷凍起來。

❖做成茶飲……

因具有幫助消化的功效，建議可以飯後飲用。也可以加入水果，做成美味的水果茶。

❖做成甜點……

只要將新鮮葉片擺在上面當成裝飾，就能聞到淡淡的檸檬香氣。也可以用果汁機攪打冰塊和香草，然後加入蜂蜜和檸檬，如此就能輕鬆完成一道夏季飲品（右圖）。清爽的滋味也很適合用來招待客人。

❖做成花環……

使用新鮮香蜂草做成的桌上花環（左圖）。用鐵絲固定含有水分的水苔，然後插入好幾種香草。

Taking care

適宜環境

最好種植在略為濕潤的肥沃土壤中。雖然喜歡全日照環境，但盛夏的強光會讓葉子變硬，灼傷變成褐色，因此夏季必須種植在半日照處。冬天則要修剪地上部，並且加上覆蓋物。全年皆可於室內栽培，這時須選擇像是可透過蕾絲窗簾照射到陽光且通風良好的場所。

繁殖方式

可以播種、芽插、分株方式繁殖。芽插只要剪下約5、6cm的嫩芽插進土中，即可輕易發芽。

採收：採收期 4 ～ 10月

葉子隨時皆可採收。開花期是葉子的香氣、風味最好的時候，因此最好從植株底部剪下。採收完之後只要施加追肥，等到秋天再次長出嫩芽又可以進行採收。

栽種方式的重點

種植 —— 由於種子非常細小，因此要放在舊明信片等上來條播。薄覆上土壤，注意避免乾燥。約莫2星期就會發芽，這時要適度地間拔。因為地下莖會不斷延伸生長，若是地植須取60cm以上的株距，如果是盆植則要選擇較深的盆器。

供水 —— 乾燥會導致植株死亡，因此只要土壤表面開始變乾就要立刻澆水。一旦葉子因水分不足而失去光澤，風味和柔軟度就會下降。尤其在乾燥的夏季，若是地植最好要早晚各澆一次水。

肥料 —— 因為喜歡肥沃的土壤，種植時要在土中混入約4成的腐葉土，並以緩效性肥料作為基肥。春天萌芽時和秋天收成後要施予含氮量少的化學肥料。

病蟲害 —— 夏天的高溫乾燥期容易出現葉蟎。出現葉蟎的葉子要連莖一起剪掉，並置於陰涼處休養。另外也要留意捲葉蟲。

每日照顧 —— 在夏季高溫期，植株開始衰弱時綻放的花會令植株疲倦無力，因此最好盡量不要讓它開花。只要在開始長出花莖時連同枝條一起剪下，就能延長植株的壽命。為防止植株悶熱，潮濕的梅雨季節要對雜亂的枝葉進行剪枝，以保持良好通風。若放著不管，植株就會長得太高，因此必須勤於摘芯。

Calendar	1月	2月	3月	4月	5月	6月	7月	8月	9月	10月	11月	12月
盛產期												
種植、開花												
採收期												
繁殖期												

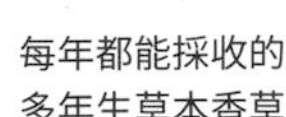

每年都能採收的
多年生草本香草

19

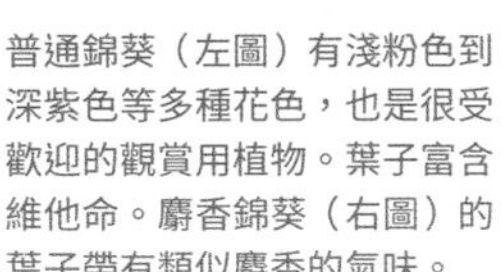

普通錦葵（左圖）有淺粉色到深紫色等多種花色，也是很受歡迎的觀賞用植物。葉子富含維他命。麝香錦葵（右圖）的葉子帶有類似麝香的氣味。

加入檸檬就會變色的茶飲很受歡迎

錦葵

Mallow

錦葵在日本又名「薄紅葵」，是會在初夏開出鮮豔華麗的花朵，也能作為觀賞之用的香草。利用的主要是花朵部分。在新鮮或乾燥花中倒入熱水泡成的香草茶，只要加入檸檬就能欣賞到茶湯從淺藍色變成粉紅色的樣子，非常適合作為招待客人的茶飲。香草茶具有鎮靜作用，可有效舒緩支氣管炎，在快要感冒時飲用據說能使人恢復健康。

像是用奶油拌炒、下鍋油炸等，稍微帶有黏性的嫩葉和莖可以當成一般蔬菜使用。植株的高度大概可以長到2m左右。

DATA

- 學名＝Malva sylvestris
- 科名＝錦葵科
- 原產地＝歐洲南部
- 別名＝薄紅葵（日文名稱）
- 高度＝約100～200cm
- 盛產期＝4～6月、9～10月
- 可使用部分＝葉、花、莖
- 用途＝料理、茶、酒、噗噗莉

Variety use

❖可使用部分 葉 花 莖

提到錦葵，最有名的就是有著美麗色澤的香草茶。各位不妨將茶裝在玻璃茶壺或茶杯中，欣賞美麗的鮮豔色彩。

❖做成茶飲……

建議用3朵新鮮或乾燥的花和熱水泡成1杯。原本是藍色（左圖），一旦滴入檸檬汁就會變成粉紅色。

❖做成飲品……

在白酒瓶中放入7～8朵乾燥花，輕輕搖晃，然後放進冰箱靜置數日，如此時髦的香草酒就完成了。

❖做成工藝品……

經過乾燥的花可以做成噗噗莉。用手揉碎做成香草皂也很漂亮（右圖）。

❖做成料理……

葉子和莖可以氽燙做成涼拌菜，或是用炒的方式料理。

Taking care

適宜環境

喜歡日照充足且通風、排水良好的肥沃土壤。因為會長得很龐大，需要比較寬敞的空間。種在院子裡的話要有1m以上的株距，若是盆植則要準備深30cm以上的盆器。

繁殖方式

以播種、分株或芽插方式繁殖。分株要在春天或秋天進行。芽插要從已經度過冬天的植株身上，取靠近根部的側芽使用。植株生長幾年後，整體的體型和花朵都會變得愈來愈小，因此必須及早進行更新。

採收：採收期 5～9月

5月左右開始開花。由於花一天就會開完，所以一綻放就要立刻，可以的話最好一早就將其摘下。

栽種方式的重點

種植 —— 由於屬於軸根系植物且幼苗討厭移植，因此種子要直接點播在庭院或又大又深的盆器中。避免使其乾燥，並且適度地間拔。如果是買苗回來種，要取80～100cm左右的株距定植。若是盆植則為1盆1株。

供水 —— 如果是盆植，要等到土壤表面乾了再給予充足水分。尤其要小心夏季的缺水問題。冬季則要維持略為乾燥的狀態，最好等土壤表面乾掉的2、3天後再澆水。若是地植則不需要澆水。

肥料 —— 種植時要在土中混入骨粉或緩效性肥料。開花前只要將少量骨粉撒在植株底部，花色就會變得很鮮豔。追肥為每月施予1次液肥。為避免長得太大，須減少肥料的使用量。

病蟲害 —— 幾乎沒有。

每日照顧 —— 植株長高後須給予支撐，避免倒塌。對雜亂的枝葉適度進行剪枝，讓陽光可以照射進來，如此才容易開花。太長的莖要摘芯以調整高度。

Calendar	1月	2月	3月	4月	5月	6月	7月	8月	9月	10月	11月	12月
盛產期												
種植、開花												
採收期												
繁殖期												

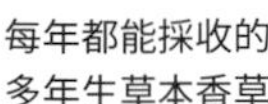

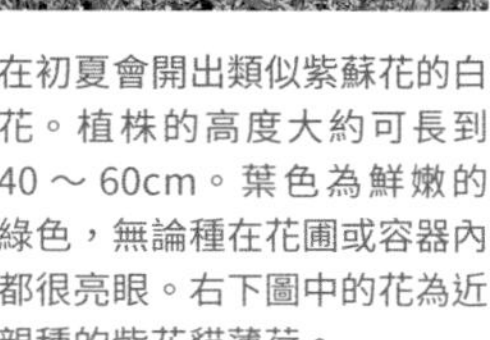

在初夏會開出類似紫蘇花的白花。植株的高度大約可長到40～60cm。葉色為鮮嫩的綠色，無論種在花圃或容器內都很亮眼。右下圖中的花為近親種的紫花貓薄荷。

貓穗草

Catnip

DATA

- 學名＝Nepeta cataria
- 科名＝唇形科
- 原產地＝歐洲、亞洲西南部、中國、朝鮮半島等北半球各地
- 別名＝筑摩薄荷、犬薄荷（日文名稱）、貓薄荷
- 高度＝約40～60cm
- 盛產期＝4～6月、9～10月
- 可使用部分＝葉、花、莖
- 用途＝沙拉、茶、貓玩具

因為貓咪喜歡氣味而有了「catnip（貓咪啃咬）」的名稱。但在傳入日本時，這種香草卻不知為何被取名為「犬薄荷」，十分奇妙。類似香蜂草的葉片帶有薄荷般的清爽氣味，泡成茶飲用是最普遍的使用方法。無論新鮮或乾燥葉片的香氣都一樣，在失眠的夜晚飲用可發揮平靜身心的效果。初夏時會開出帶紫色的白花，可當成食用花來裝飾沙拉。另外，乾燥葉片還能做成愛貓喜歡的貓玩具。

Variety use

❖可使用部分 葉 花 莖 ※懷孕期間應避免使用

葉和花無論新鮮或乾燥皆可利用。類似薄荷的香氣可運用在茶、料理、入浴劑等各種用途上。

❖做成茶飲……

在新鮮或乾燥葉片中倒入熱水泡成的茶，據說有助眠的功效（左圖）。讓葉片浮在杯中時，使用嫩葉會顯得更加可愛。

❖做成料理……

將新鮮的葉子或花撕成適當大小做成沙拉，也可切碎為湯或醬汁增添香氣。

❖做成貓玩具……

將經過乾燥的葉子和棉花塞到薄的木棉布中，再用繩子綁起來，就完成貓咪會喜歡的簡易玩具了（右圖）。可以將繩子放長一點吊起來，或是縫成老鼠的形狀也很有趣。

Taking care

適宜環境

喜歡日照充足且通風、排水良好，略帶濕氣的土壤。因為會長得很龐大，空間要盡量寬敞一些。夏天要種植在涼爽處，冬天則要種在不會結霜的戶外，或是移到室內過冬。為避免被貓咪破壞，建議用網子圍起來，或在周圍種植覆盆子、玫瑰這類有刺的植物。

繁殖方式

播種、芽插、分株皆可。自然掉落的種子也能順利繁殖。新手建議採用分株方式。

採收：採收期 4月中旬～11月

葉子從春天到秋天皆可採收。花在快要開花之前香氣最濃郁，這時可以連莖一起剪下。

栽種方式的重點

種植 —— 播種要在秋天進行。直播在日照充足且排水良好的土壤中，或是散播在育苗箱中。育苗過程中要多曬太陽並不時間拔，等到長大了就取50cm左右的株距定植。

供水 —— 等到土壤表面乾了再給予充足水分。因為會長得很龐大，若是盆植須留意乾燥的問題。

肥料 —— 種植時要在土中混入緩效性肥料。只要在早春的生長期施加追肥就會冒出許多新芽。之後最好每2、3個月施予1次追肥。

病蟲害 —— 幾乎沒有。

每日照顧 —— 只要摘芯順便採收，側芽就會長得很好。由於一旦日照不足、通風不良就會徒長，因此最好適度剪除雜亂的枝條。開花後，最好從接近地面約10～20cm處進行修剪。

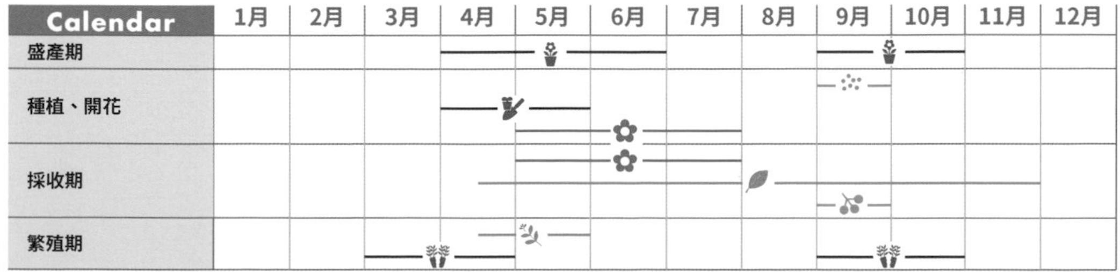

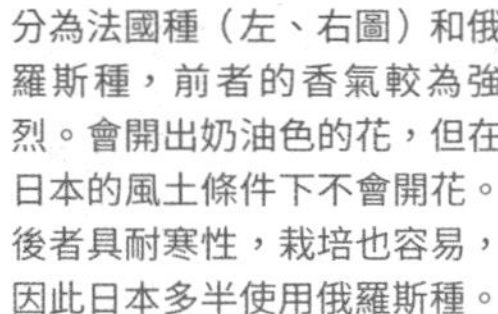

分為法國種（左、右圖）和俄羅斯種，前者的香氣較為強烈。會開出奶油色的花，但在日本的風土條件下不會開花。後者具耐寒性，栽培也容易，因此日本多半使用俄羅斯種。

帶有光澤的細長葉片可做成醬汁和淋醬

龍蒿

Tarragon

DATA

- 學名＝Artemisia dracunculus var. sativa
- 科名＝菊科
- 原產地＝中亞～西伯利亞、北美
- 別名＝法國龍蒿、龍艾
- 高度＝約50cm
- 盛產期＝4～6月、9～10月
- 可使用部分＝葉、莖
- 用途＝料理、沙拉、茶

自古便和歐芹、峨蔘同樣成為頻繁出現在法式料理中的香草，也是混合香草（參考P.16）的材料之一。在料理面，最常被用來製作塔塔醬、淋醬等醬汁類。因為和乳製品特別對味，直接將新鮮龍蒿切碎加到奶油乳酪或酸奶油中做成沾醬，再夾到三明治中也十分美味。也可以將一枝龍蒿浸泡在油或醋中來增添香氣。以熱水泡成的香草茶有促進食慾的效果，身體疲倦時飲用有助於提振精神。

Variety use

❖可使用部分 葉 莖

略帶甜味的香氣為其特徵。香氣最濃郁的時候為5月左右。乾燥後風味會流失，因此建議使用新鮮龍蒿。

❖做成料理……

在法國，龍蒿是蝸牛料理中不可或缺的著名香草。將新鮮或乾燥過的葉子和肉或魚一起烹調，便能發揮去腥的效果。另外，切碎後混入美乃滋或淋醬中也非常美味。自製的當然不用說，即便是市售的馬鈴薯沙拉也只要撒上一點乾燥龍蒿葉，便能令風味大幅提升（左圖）。因為和奶油、起司等乳製品很對味，不妨可以多做一點運用在各種料理中。

❖做成調味料……

葉子切碎混入橄欖油或醋中轉移風味。用麵包沾著吃也十分美味（右圖）。

Taking care

適宜環境

喜歡日照充足且通風、排水良好的土壤。因為非常不耐夏季高溫，必須擺放在陰涼處或通風良好且涼爽的半日照環境。冬天時要放在戶外接受寒風吹襲，這樣隔年才容易發芽。

繁殖方式

以芽插、分株方式繁殖。兩者皆適合在春秋兩季進行。芽插的做法是剪下約10cm的芽，去除下方葉子後插入土中，大約2～3週後便會發根。

採收：採收期 5～10月

由於乾燥後風味會流失，因此建議要使用時再採收葉片。連枝一起採收時，要從距離植株底部1/3處剪下，如此植株才不會衰弱。

栽種方式的重點

種植 —— 法國種在日本的風土條件下不會開花，也不會結出果實，因此必須買苗回來栽種。市售種子多為園藝用的俄羅斯種。苗要取20～30cm的株距，種在沒有什麼肥料的土壤中。

供水 —— 喜歡略為乾燥的土壤。等到土壤表面乾了再給予充足水分。須留意不要澆太多水。

肥料 —— 不需要特別施予基肥。給太多肥料會使得香氣減弱，因此只要等最後的收成結束後再施予緩效性肥料即可。

病蟲害 —— 幾乎沒有。

每日照顧 —— 由於不耐多濕環境，必須勤於剪除過度密集的莖葉和枯掉的枝葉，以保持良好通風。久雨不停時要放置在屋簷下。植株一旦老化風味就會下降，因此最好每1～2年就在春天或秋天進行1次移植，以更新植株。冬天則要用腐葉土或稻草覆蓋植株底部，幫助過冬。

Calendar	1月	2月	3月	4月	5月	6月	7月	8月	9月	10月	11月	12月
盛產期												
種植、開花						(俄羅斯種)		(俄羅斯種)				
採收期											(俄羅斯種)	
繁殖期											(在室內進行)	

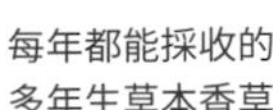

19

夏天會開出黃色花朵。細小而纖細的葉片為其特徵。因為會長得很龐大（右下圖），春天時別忘了施予基肥。

魚類料理必備的配角香草

茴香

Fennel

DATA

- 學名＝Foeniculum vulgare var. dulce
- 科名＝繖形科
- 原產地＝歐洲南部～亞洲西部
- 別名＝甜茴香、Fenouil（法文名稱）
- 高度＝約100～200cm
- 盛產期＝4～6月、9～10月
- 可使用部分＝葉、花、種子
- 用途＝料理、沙拉、點心

自古便被當成香料使用的繖形科香草，植株高度大約可以長到將近2m，相當龐大。特色是細小而纖細的葉子會在前端分裂延伸，另外初夏時開出的美麗黃花也相當有看頭。主要和魚類料理很搭，比方像是將葉子塞進白肉魚的腹部，然後用烤箱烘烤的香草烤魚等，充分發揮食材原味的料理香氣十分迷人，也可以用來製作醃料，或是當成湯品的裝飾。花朵可以做成醃菜，至於類似帶殼稻穀的種子（茴香籽）則帶有清爽香氣，咀嚼食用據說可有效幫助消化。

Variety use

❖可使用部分 葉 花 種 ※懷孕期間應避免使用

長到一定程度後即可隨時採收葉子。纖細的葉子要從葉柄根部剪下，然後將葉片撕成適當大小使用。

❖做成料理……

嫩葉可做成沙拉和燉蔬菜料理。連同葉柄一起塞進鱸魚等的魚腹內，然後用烤箱烘烤的香草烤魚，美味得令人無法抗拒。除了去除魚腥味，特有的香甜氣味還能將魚的鮮味襯托出來。種子敲碎後可以做成咖哩的香料，或是加在德式酸菜中也很對味。

❖做成點心……

主要使用種子。揉進麵包、餅乾、司康（左圖）的麵團中會非常美味。在最後將種子直接放上去當成裝飾，也能使風味更上一層樓。

❖做成醋……

只要把新鮮葉片浸泡在醋裡就成了香草醋（右圖）。

Taking care

適宜環境

喜歡一整天都能照到太陽，肥沃且排水良好的土壤。夏天要移到涼爽的地方。冬天時地上部雖然會枯萎，但是能夠在戶外過冬。

繁殖方式

以播種方式繁殖。自然掉落的種子也能輕易發芽，在院子裡健康生長。

採收：採收期 3～12月

播種大概2個月後即可採收葉子。建議從下方依序挑選柔軟的葉片，從葉柄的根部剪下。果實要在完全成熟變成褐色前整株剪下，然後吊掛起來催熟、使其乾燥。

栽種方式的重點

種植 —— 由於屬於軸根系植物，會往下延伸得很深，因此如果是地植必須翻土超過50cm，若是盆植則要選擇深30cm以上的盆器。將種子直播在院子或盆器中。苗長大後會不容易生根，因此要購買小一點的苗。如果是地植，要取50cm左右的株距避免密集。

供水 —— 若是盆植，要等到土壤表面乾了再給予充足水分。因為不耐乾燥，尤其需要留意夏季高溫期的缺水問題。冬天時地上部雖然會枯萎，但是因為根還活著，所以等到土壤表面乾掉的2、3天後再澆水即可。若是地植，只需要在好幾天沒下雨的時候澆水。

肥料 —— 種植時要施予緩效性肥料作為基肥。除了冬季，其餘每月施予1次緩效性固肥作為追肥。

病蟲害 —— 容易出現蚜蟲、椿象、鳳蝶等的幼蟲。一旦發現有蟲就要捕殺。

每日照顧 —— 因為會長得很高，必須以支柱支撐。葉子一旦密集會讓通風變差，導致植株因悶熱而衰弱，因此必須對雜亂的部分進行剪枝，順便採收。若是盆植，由於盤根也會使得風味減弱，必須每3年換盆1次。

Calendar	1月	2月	3月	4月	5月	6月	7月	8月	9月	10月	11月	12月
盛產期				—	—	—			—	—		
種植、開花			—	—	—	—			—	—		
			—	—	—							
						—	—	—				
採收期						—	—	—				
			—	—	—	—	—	—	—	—	—	—
								—				
繁殖期				—	—	—（第2年之後）						

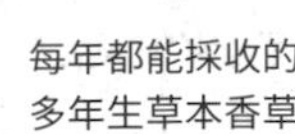

每年都能採收的
多年生草本香草

19

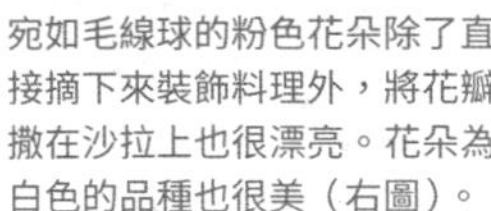

宛如毛線球的粉色花朵除了直接摘下來裝飾料理外，將花瓣撒在沙拉上也很漂亮。花朵為白色的品種也很美（右圖）。

可當成蔥使用的實用香草

細香蔥

Chives

外觀和淺蔥一模一樣的香草。放入口中會散發出些許類似大蒜的氣味，但是味道和風味都比蔥來得更加溫和。由於在蔥類之中，細香蔥的葉子最細，因此只要添上幾根，即便是平凡的料理也會立刻顯得很有品味。切成細緻的蔥花，撒在湯上做點綴或用來裝飾歐姆蛋、沙拉也很適合。無論日式、西式，和各種料理都很搭配，只要用過一次就會為細香蔥的實用方便性深深著迷。在5月左右綻放的花朵味道辛辣，可當成食用花使用。蓬鬆可愛的造型，做成乾燥花或切花也很漂亮。

DATA

- 學名＝Allium schoenoprasum
- 科名＝百合科
- 原產地＝亞洲、歐洲
- 別名＝蝦夷蔥
- 高度＝約30cm
- 盛產期＝4～6月、9～10月
- 可使用部分＝葉、花
- 用途＝料理、沙拉、噗噗莉、乾燥花、切花

Variety use

❖可使用部分 葉 花

加熱後味道和香氣都會減弱，因此建議盡量直接使用。只要切碎然後冷凍保存，就能迅速用來完成最後的裝飾。

❖做成料理……

將新鮮葉片切碎撒在湯上做點綴（左圖），或是作為沙拉和開胃菜的配料、歐姆蛋的餡料使用。混入奶油乳酪中再搭配上脆餅，就成了一道葡萄酒的美味下酒菜（右圖）。另外也可以利用細香蔥的長度，令肉類或魚類料理呈現出時髦感。只要準備一個大盤子，然後利用空間進行裝飾，就能讓美味程度更升級。花可以直接用來當作裝飾，也可以只取花瓣撒在沙拉上點綴。

❖做成噗噗莉……

摘下花朵，置於通風良好處陰乾。莖要從接近地面處整個剪下來。

Taking care

適宜環境

喜歡半日照～全日照的環境，以及排水性、保濕性佳的肥沃土壤。亦可室內栽培，若是放在明亮的窗邊，即便冬天也能採收到新鮮的葉子。

繁殖方式

以播種、分株方式繁殖。分株的做法是從離地約5cm處，用手鬆開已經去除葉子的植株，分成2、3株後種在新的用土中。植株一旦老化，活力就會減退，最好每2年就移植1次，順便進行分株。

採收：採收期 4～11月

植株高度超過20cm即可收成。從距離地面約3cm處割下採收。即便全部收割完畢，在秋天之前仍可採收2、3次。間拔苗一樣可以拿來使用。

栽種方式的重點

種植——種子容易發芽。於春天或秋天撒在苗床上。適度間拔，等到高度達10cm左右，就將5、6株集合起來取約20cm的株距定植。

供水——等到土壤表面乾了再給水。因為不耐乾燥，夏季須留意缺水問題。冬季因為根依然活著，所以如果是盆植，要等到土壤表面乾掉的2、3天後再澆水。

肥料——種植時要以緩效性肥料或腐葉土作為基肥。追肥要以每月1、2次液肥，或是每2個月1次固肥的頻率施予。含氮量過高會導致不開花，葉子也會變得又粗又硬，須特別留意。

病蟲害——太過乾燥容易出現蚜蟲和葉蟎。

每日照顧——花會在第2年之後綻放。由於一開花，葉子就會變硬，因此當發現以採收葉子為目的的植株長出花莖了，就要及早從植株底部剪下。曝晒在強烈陽光下會使得植株衰弱，因此夏季最好要適度遮光。冬天則可在日照充足的戶外過冬。

Calendar	1月	2月	3月	4月	5月	6月	7月	8月	9月	10月	11月	12月
盛產期												
種植、開花							(第2年之後)					
採收期							(第2年之後)					
繁殖期												

每年都能採收的
多年生草本香草

19

能夠忍受盛夏的暑氣，可是不耐寒。性質相較強健，因植株高度可達1m以上，所以種植場所須保有寬敞的空間。花期為7～9月，但很少開花。

檸檬般清爽的香氣令人身心舒暢

檸檬香茅

Lemongrass

原產於印度的禾本科植物，芒草般細長的葉片為其特徵。含有檸檬醛成分的葉子只要輕輕觸摸，就會散發出檸檬般清爽的香氣。在東南亞是非常常見的香草，因為被用來為泰國的代表性湯品「冬蔭功」增添風味，以及作為咖哩的香料而聞名。香氣和檸檬很接近，做成香草茶也非常順口好喝，不僅可幫助消化，還有消除疲勞的功效。除了為肉和魚增添風味，以及做成湯品、醬汁等料理，檸檬香茅和餅乾、蛋糕等點心也很搭。也很推薦做成噗噗莉和入浴劑，享受清新舒暢的感受。

DATA

- 學名＝Cymbopogon citratus
- 科名＝禾本科
- 原產地＝印度
- 別名＝檸檬草
- 高度＝約80～120cm
- 盛產期＝5～9月
- 可使用部分＝葉
- 用途＝料理、點心、茶、入浴劑、噗噗莉

Variety use

❖可使用部分 葉

使用新鮮或經過乾燥的葉子。比起乾燥的，剛採收下來的新鮮葉片香氣更濃。

❖做成茶飲……
將採收下來的葉子切成約5cm，倒入熱水萃取茶湯。

❖做成噗噗莉……
與玫瑰、月桂葉等搭配組合（右圖）。

❖做成料理……
因獨特的味道和香氣廣受喜愛的冬蔭功（左圖），作法是將切成5cm左右的檸檬香茅、馬蜂橙葉以及名為南薑、外觀和薑類似的香料和雞骨高湯一起煮滾，接著放入草菇（或鴻喜菇）、蝦子、冬蔭功湯底，最後以魚露、砂糖、萊姆汁調味。若再將芫荽（香菜）切碎點綴上去，風味會更為提升。

Taking care

適宜環境

喜歡日照充足，不會受強風吹襲的肥沃土壤。因原產於印度，很適合在日本高溫多濕的夏季栽種。雖然耐熱卻不耐結霜和寒冷，因此最好在晚秋時進行假植，放置於屋內的溫暖處。

繁殖方式

能夠以分株方式輕易繁殖。不需要擔心遭受霜害的4月以後最適合作業。割下葉子後挖出來，將去除老舊葉、根的植株分成2、3株種植。

採收：採收期 5月中旬～ 10月

等到長出大約15片葉子即可採收。用剪刀從植株底部剪下葉子。7月起進入高溫期後，葉子的生長速度會加快，收成量也會增加。

栽種方式的重點

種植 —— 由於在日本很難取得種子，因此必須買苗回來栽種。若是在自家使用，那麼只要有1株就夠了。

供水 —— 討厭乾燥。要等到土壤表面乾了再給予充足水分。一旦水分不足，葉子就會失去活力，植株也會變得瘦小。夏天的高溫期務必要記得澆水。冬天可以稍微減少供水量。

肥料 —— 種植時要在土壤中混入堆肥。4～10月的生長期有可能因肥料不足而使得葉片變黃，最好每2週施予1次液肥。

病蟲害 —— 幾乎沒有。

每日照顧 —— 如果是盆植，一旦根長滿整個盆器、出現盤根現象，植株就會衰弱。最好在5月左右移植到新的土中，同時進行分株。植株雜亂、葉子變黃時，要從植株底部剪除以保持美觀。

Calendar	1月	2月	3月	4月	5月	6月	7月	8月	9月	10月	11月	12月
盛產期					———	———	———	———	———			
種植、開花					———	———	———	———	———			
採收期					———	———	———	———	———	———		
繁殖期				———	———	———						

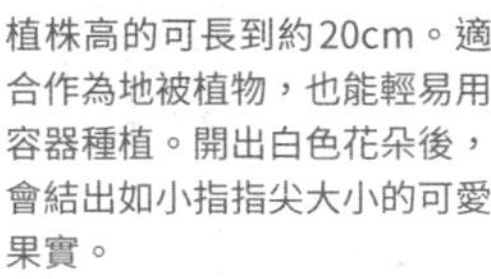

植株高的可長到約20cm。適合作為地被植物，也能輕易用容器種植。開出白色花朵後，會結出如小指指尖大小的可愛果實。

酸甜果實也有益肌膚健康

野草莓

Wild Strawberry

DATA

- 學名＝*Fragaria vesca*
- 科名＝薔薇科
- 原產地＝歐洲、西亞、北美
- 別名＝蝦夷蛇莓、歐洲草莓（日文名稱）
- 高度＝約5～20cm
- 盛產期＝3～6月、9～11月
- 可使用部分＝葉、花、莖、果實
- 用途＝料理、點心、茶、面膜

分布於歐洲、北美、西亞等地的香草，在日本北海道也能見到野生的野草莓，被稱為「蝦夷蛇莓」。比草莓小上一圈的果實可以直接生吃，一入口，香甜氣味立刻在口中擴散開來。富含維他命C和礦物質，對於美容和健康也非常有助益。除了將新鮮的野草莓直接做成水果沙拉和果汁，也很推薦加到蛋糕和派中。搗碎果實做成的面膜具有美白效果，可溫和鎮定受到夏日紫外線傷害的脆弱肌膚。

Variety use

❖可使用部分 葉 花 莖 果

葉子含有毒素，所以如果要泡成茶必須先經過充分乾燥。果實可冷凍保存或直接使用。

❖做成果醬……
帶有些許酸味的果實經過熬煮，能夠突顯出草莓的甜味和香氣，因此很適合作為果醬的材料（左圖）。除了搭配麵包、蛋糕外，代替砂糖加入紅茶中也非常美味（右圖）。

❖做成甜點……
可以加到蛋糕、塔中烘烤或進行裝飾。若用色彩繽紛的當季花卉來搭配紅色果實，整道甜點會顯得更加可愛誘人。

❖做成茶飲……
以葉片泡成的茶有利尿作用和強身效果。葉子請務必充分乾燥後再倒入熱水。倒入杯中後只要加入1粒果實，草莓香氣便會撲鼻而來。

Taking care

適宜環境

喜歡全日照～半日照，排水良好、略帶保水性的土壤。由於不耐高溫多濕，夏天的高溫期要在植株底部鋪上稻草，若是盆植的話則要移到通風良好的屋簷下。因為討厭連作，每年都必須換地方種植。苗可以在戶外過冬。

繁殖方式

秋天時，從生長狀況良好的植株的走莖剪下子株繁殖。播種也能夠輕易繁殖。

採收：採收期3～5月、7～10月

果實變紅後即可隨時採收。只要勤於剪除走莖，就能長期享受收成的樂趣。葉子要盡量選擇鮮嫩的時期採收。

栽種方式的重點

種植 —— 種子要在春天或秋天散播於育苗箱中，然後用噴霧器施予充足水分，使其發芽。種植過程中要不時間拔，等到長出7、8片本葉就取約30cm的株距定植。秋天時要從走莖剪下子株，或者使用購買的苗進行繁殖。

供水 —— 因不耐乾燥，須適度地給予水分。盆植也是一樣。重點是要在土壤乾燥之前澆水。

肥料 —— 種植時要在土壤中混入緩效性肥料。施予過多氮肥會導致不易開花結實，須特別留意。

病蟲害 —— 施予過多氮肥會引發灰黴病，須特別留意。新芽的部分容易出現蚜蟲，一旦發現有蟲就要捕殺。

每日照顧 —— 由於會長出枝、莖並且生根的走莖會從植株底部延伸而出，因此除了初秋時剪下子株進行繁殖外，其餘不需要的走莖須適度剪除。夏天的高溫有可能導致植株不開花，所以必須留意溫度的管理。

Calendar	1月	2月	3月	4月	5月	6月	7月	8月	9月	10月	11月	12月
盛產期												
種植、開花												
採收期												
繁殖期										走莖		

植株高度約為50～100cm。葉、莖、花皆可使用，因為熱量低，也被當成瘦身者和糖尿病患者的甜味劑使用。夏天到秋天這段期間會開出小白花。

濃厚的甜味很適合作為代糖使用

甜菊

Stevia

DATA

- 學名＝*Stevia rebaudiana*
- 科名＝菊科
- 原產地＝巴拉圭
- 別名＝甜葉菊
- 高度＝約50～100cm
- 盛產期＝4～6月
- 可使用部分＝葉、花、莖
- 用途＝點心、茶

提到甜菊，近來應該常聽說它是口香糖、巧克力等的低熱量甜味劑。只要咀嚼新鮮葉片，清爽的甜味便會在口中擴散開來，在飲食生活中還能用來取代砂糖。使用方法非常簡單，只需要將1、2片新鮮或經過乾燥的葉子放入茶中，便能產生足夠的甜味。稍微煮過後得到的汁液還能當成糖漿使用，十分方便。只不過葉片中所含的成分甜菊醣苷的甜度約為砂糖的200倍，最好斟酌用量，少量使用。也很推薦給想要減肥的人使用。

Variety use

❖可使用部分 葉 花 莖

若想隨時都能輕鬆取用，建議可以熬煮成糖漿備用。只要放入製冰盒中冷凍，就是能馬上使用的糖漿冰塊。

❖做成茶飲……
在杯中放入1、2片新鮮或乾燥的葉子，然後倒入熱水。也可以當成其他香草茶的甜味劑使用（左圖）。

❖做成料理、甜點……
只要做成糖漿備用，使用起來就會非常方便。將約20片葉子和1杯水放入鍋中，開火煮沸3、4分鐘，接著轉小火熬煮到剩下約一半的量。之後用紗布過濾裝進瓶中，放入冰箱可冷藏保存1、2個星期。因為沒有熱量，也可以用來為布丁（右圖）、果凍增添甜味，或是取代茶和飲料的糖漿。花則可作為冰淇淋、蛋糕的裝飾。

Taking care

適宜環境

喜歡日照充足且排水良好的場所。盛夏時要選擇通風良好的涼爽場所。因為怕冷、不具耐寒性，冬季要盡量種植於溫暖的室內。

繁殖方式

以芽插、分株方式繁殖。如果從種子開始種植，可能會種出風味不佳的果實，因此最好使用甜度高、沒有苦味的苗進行芽插。於6～8月左右，將沒有長出花蕾的嫩芽剪下約10cm，插入土中。

採收：採收期 7～11月

等到植株高度達20cm左右即可收成。即便只有1片葉子也能摘下來利用。就算從植株底部全部收割下來，也會因為生長速度快，每年都能採收2、3次。葉子甜度最高的時候是在開完花的晚秋。如果每年只收成1次，那麼最好選擇這個時期。

栽種方式的重點

種植——由於從種子開始種植，風味有可能會產生落差，因此會建議買苗回來栽種，並且取20cm以上的株距。為了加強排水，最好堆高植株底部的土。

供水——注意不可過於乾燥，要等到土壤表面乾了再給予充足水分。冬天須減少供水，要等到土壤表面乾燥的2、3天後再澆水。

肥料——種植時要在土壤中混入緩效性肥料。生長期的5～10月要每月施予1、2次液肥或化成肥料等固肥。

病蟲害——由於葉子本身很甜，所以容易出現蚜蟲。一旦發現有蟲就要驅除。

每日照顧——等到植株高度達15cm左右，就要開始陸續為生長的莖摘芯，如此才會長出側芽和茂密的葉子，收成量也會因此增加。若是地植就不需要更動栽種位置。如果是盆植，當發現根從底部冒出來了，就最好要換成更大一點的盆器。適合換盆的時期為4月或9月。

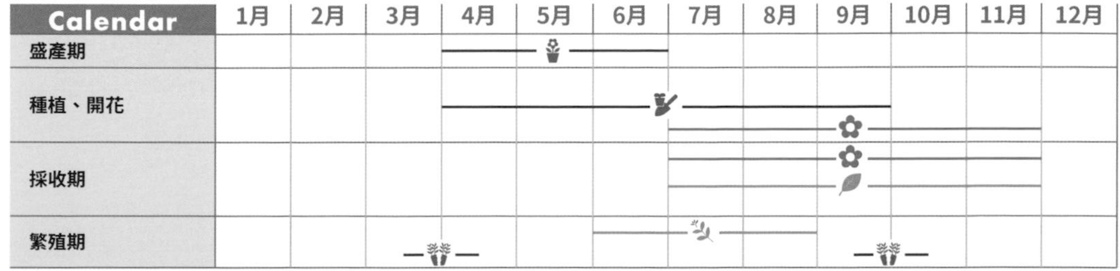

Calendar	1月	2月	3月	4月	5月	6月	7月	8月	9月	10月	11月	12月
盛產期				—	—	—						
種植、開花（種植）				—	—	—	—	—	—			
種植、開花（開花）							—	—	—	—	—	
採收期（花）							—	—	—	—	—	
採收期（葉）							—	—	—	—	—	
繁殖期			—			—	—	—	—			

每年都能採收的
多年生草本香草

19

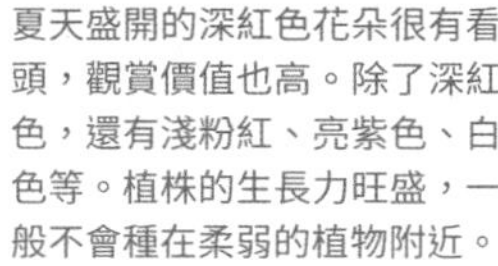

夏天盛開的深紅色花朵很有看頭，觀賞價值也高。除了深紅色，還有淺粉紅、亮紫色、白色等。植株的生長力旺盛，一般不會種在柔弱的植物附近。

乾燥葉片泡成的茶香氣迷人

香檸檬

Bergamot

DATA

- 學名＝Monarda didyma
- 科名＝唇形科
- 原產地＝北美東部
- 別名＝松明花、矢車薄荷（日文名稱）、蜂香薄荷、美國薄荷
- 高度＝約60～150cm
- 盛產期＝5～8月
- 可使用部分＝葉、花、莖
- 用途＝沙拉、茶、入浴劑、噗噗莉、切花

原產於北美，非常耐寒也耐熱，是連新手也容易種植成功的香草。又名「美國薄荷」、「蜂香薄荷」、「松明花」，深綠色的葉片會散發出類似用於香料的「香檸檬」的香氣。鮮嫩的花朵非常適合用來裝飾沙拉和飲料。乾燥葉片泡成的茶具有穩定情緒和助眠的效果，是美國印地安人很喜歡飲用的茶飲。莖的前端開出深紅或鮭魚粉花朵的華麗姿態非常迷人，當成切花或花藝的素材使用也別有一番樂趣。

Variety use

❖可使用部分 葉 花 莖

※懷孕期間應避免使用

柑橘類的香氣能夠在情緒激昂時發揮鎮定作用。花可以將花瓣一片一片摘下作為點綴。

❖做成茶飲……

因用來為伯爵紅茶增添香氣而聞名的香檸檬茶（左圖）。建議分量為熱水1杯配上新鮮葉子1小撮，如此即可泡出比紅茶更加溫和的清香。由於不含咖啡因，不敢喝紅茶的人也能盡情享用。也可以讓葉子漂浮在冰茶上。

❖做成噗噗莉……

使用乾燥葉子和花朵做成噗噗莉，無論單獨使用或混合其他香草都很適合。

❖做成入浴劑……

將新鮮或乾燥的葉子包在紗布或手帕裡，綁上繩子後直接放入浴缸（右圖）。燒水時從冷水開始放入，成分就會充分釋放。

Taking care

適宜環境

缺乏陽光有可能會使得植株徒長而不開花，因此須選擇日照良好的場所。只不過盛夏的強烈陽光容易灼傷葉片，所以要記得防曬遮陽。喜歡排水良好、略帶濕氣的肥沃土壤。非常耐寒，冬天可以在戶外過冬。

繁殖方式

播種、芽插、分株方式皆可輕易繁殖。由於初春分株不會在初夏時開花，因此最好在秋天進行。使用地下莖芽插也能夠繁殖，只要在初春時插進土裡就會輕易生根。

採收：採收期 5～8月中旬

秋天時地上部會枯萎準備過冬，因此如果想要保存，就要在6～8月的開花期從植株根部進行收割。也可以只摘下嫩葉和花。

栽種方式的重點

種植 —— 種子要在3～5月左右撒在苗床上。長出本葉後就可以進行移植。因為生長力旺盛，必須翻土超過50cm，並且取60～70cm以上的株距。盆植則要準備又大又深的盆器。

供水 —— 等到土壤表面乾了再給予充足水分。討厭過度潮濕和乾燥的環境。夏季的高溫乾燥期須留意缺水問題。

肥料 —— 因喜歡肥沃的土壤，故須留意肥料缺乏的問題。種植時要在土壤中混入緩效性肥料。追肥方面，春天萌芽時要施予含氮量較多的肥料，開花前則減少含氮量。夏天不需要追肥，收成後別忘了補充禮肥。

病蟲害 —— 容易因高溫多濕而罹患白粉病、灰黴病。小心不要施予太多肥料，雜亂密集的植株要修剪以保持良好通風。

每日照顧 —— 開完花的花序梗要從花托處勤於摘除，以免植株因為結實而疲勞。莖葉一旦變得密集就會悶熱，容易產生病蟲害，因此必須剪枝以保持良好通風。每3年要在秋天進行1次分株，更新植株才能讓花開得比較好。

Calendar	1月	2月	3月	4月	5月	6月	7月	8月	9月	10月	11月	12月
盛產期					—	—	—	—				
種植、開花			—	—	—	—	—	—	—			
採收期					—	—	—	—	—			
繁殖期					—	—			—	—		

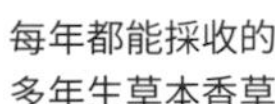

每年都能採收的
多年生草本香草

19

紫色花朵會朝上方延伸綻放。儘管名稱相似，外觀卻和大茴香、牛膝草完全不同。也有會開出粉紅、白色花朵的品種。

鮮豔花色很適合做成噗噗莉

茴藿香

Anise Hyssop

DATA

- 學名＝Agastache foeniculum
- 科名＝唇形科
- 原產地＝北美、中美
- 別名＝巨型牛膝草
- 高度＝約60～100cm
- 盛產期＝3～5月、9～10月
- 可使用部分＝葉、花、莖
- 用途＝料理、沙拉、茶、噗噗莉、乾燥花

葉片類似薄荷的唇形科香草。帶有和大茴香、薄荷相似的清新芳香，會在春天到秋天這段期間密集開出紫紅色的穗狀花朵。鮮綠色的葉子和大大的花穗也常作為點綴花園之用。花朵經過乾燥後，很適合做成噗噗莉和乾燥花，葉和莖則通常會用來泡茶。清爽的風味能夠療癒累積過多壓力的身心，另外還有增進胃部功能、緩解輕微咳嗽症狀的效果。

花朵可以撒在沙拉上或漂浮在飲料中，作為裝飾。

Variety use

❖可使用部分 葉 花 莖

葉、花、莖皆可食用。花最好要用輕搓穗的方式使其掉落。花色和大小會因品種而不同，因此可配合用途選擇使用。

❖做成茶飲……

可以將整株香草泡成茶。無論新鮮或乾燥都OK。清爽的口感任誰喝了都會喜歡。用葉子泡製的香草茶有舒緩初期感冒症狀、止咳的效果（左圖）。

❖做成料理……

將剛開不久的花和撕成小片的葉子直接用來點綴沙拉。切碎的葉片除了可以撒在湯上，也可以搭配重口味的肉類料理。

❖做成噗噗莉、香包……

香氣類似大茴香的花和葉子即使經過乾燥、做成噗噗莉，味道還是一樣很濃郁。做成香包送人也很棒（右圖）。

Taking care

適宜環境

喜歡全日照～半日照，略帶濕氣的土壤。雖然喜歡陽光，但是過於乾燥會讓植株衰弱，因此最好種在具一定保水性的土壤中。

繁殖方式

播種、分株、芽插等。分株要在春秋兩季進行。芽插則是選在初夏最適合。自然掉落的種子也能繁殖。

採收：採收期 5～10月

春天到秋天都能採收葉子。採收柔軟的葉片同時摘芯。花則要在快開花之前連莖一起剪下。

栽種方式的重點

種植 —— 種子要在春天時散播在育苗箱中，然後澆水使其發芽。栽種過程中要一邊間拔，等到長出6、7片本葉就取約40cm的株距定植。購買苗栽種的作法也相同。

供水 —— 等到土壤表面乾了再給予充足水分。夏天的乾燥期最好每3天澆1次水。因不耐長期乾燥，須留意缺水問題。

肥料 —— 種植時要在土壤中混入緩效性肥料。因為開花時間很長，生長期尤其要施以固肥作為追肥，以免養分不足。

病蟲害 —— 梅雨結束後若連日氣候乾燥就容易產生葉蟎，須特別留意。只要給予充足養分，讓植株健康地生長就不容易出現葉蟎。

每日照顧 —— 只要在生長期的春天反覆摘芯幾次，植株就會長出側芽，葉子也會長得非常茂密。只不過如果過度摘芯就會不容易開花，須特別留意。開花後要儘早摘除花穗，如此才能長期欣賞到美麗花朵。假如打算種了就放著不管，那麼最好要在秋天時鬆動植株底部周圍的土，並且施予肥料。

Calendar	1月	2月	3月	4月	5月	6月	7月	8月	9月	10月	11月	12月
盛產期												
種植、開花												
採收期												
繁殖期												

每年都能採收的
多年生草本香草

19

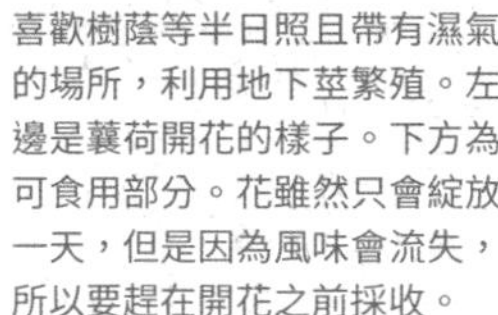

喜歡樹蔭等半日照且帶有濕氣的場所，利用地下莖繁殖。左邊是蘘荷開花的樣子。下方為可食用部分。花雖然只會綻放一天，但是因為風味會流失，所以要趕在開花之前採收。

促進食慾的風味非常可口

蘘荷

Mioga

DATA

- 學名＝Zingiber mioga
- 科名＝薑科
- 原產地＝日本
- 別名＝茗荷
- 高度＝約40～100cm
- 盛產期＝4～5月
- 可使用部分＝葉、花（花芽）、莖
- 用途＝料理、入浴劑

從夏天到初秋的這段時間，經常會在超市大量出現的蘘荷和薑為同屬品種，可在庭院的空地裡輕易栽培。主要是採收快要開花之前的花芽，獨特的香氣和些許辛辣感很能勾起食慾，非常適合作為麵線、涼拌豆腐等的辛香佐料。剛從院子裡採收下來的新鮮蘘荷，其味道和香氣更是絕佳。依據不同的收成時節，分為夏蘘荷、秋蘘荷。因具有促進血液循環、讓身體暖和的功效，建議也可以用葉子做成入浴劑。在日本被稱為「茗荷竹」的春天新芽，則會作為生魚片的配料或烤魚的配菜。

Variety use

❖可使用部分 葉 花 莖

利用開花前的花芽的蘘荷花是從夏天到秋天，對春天長出的新芽進行軟化栽培的茗荷竹則能在春天品嚐到。

❖做成料理……

蘘荷可以當成涼拌豆腐的辛香佐料、撒在味噌湯上做點綴（左圖），或是稍微烤過後撒點鹽巴享用也很美味（右圖）。另外，只要將蘘荷泥和蘘荷、蔥、適量味噌放入容器，再倒入熱水攪拌，就成為一道暖呼呼的湯品，很推薦在剛開始感冒時飲用。夏天豐收時可以用糖和醋來醃漬。稍微燙過之後縱向對切，用鹽巴稍微搓揉後擦乾水分，放入醋和砂糖的醃料中浸漬2、3天即可食用。茗荷竹可以直接當成烤魚的配菜，或是切細當成蔥一樣使用。

Taking care

適宜環境

喜歡缺乏日照、略為潮濕的環境。在朝北的場所也能長得很好，但是要避開完全照不到太陽的地方。

繁殖方式

能以分株方式輕易繁殖。適合分株的時期為6月和11月左右。

採收：採收期 5月中旬～11月

在7月下旬左右，自植株底部冒出來的花蕾開始變大時，從接近地面處剪下收成。如果不採收就會開出只綻放一天的花，因此務必要及早採收。地下莖生長的第3年之後收成量會增加。

栽種方式的重點

種植 —— 於4、5月購買種株（根莖）栽種。選擇長出新芽的植株分開地下莖，取15cm以上的株距。若是在6月植苗，最好要挑在長出4、5片葉子時進行。

供水 —— 因為討厭乾燥，勤於澆水避免乾燥這一點非常重要。冬天則是最好稍微減少供水。

肥料 —— 種植時要在土壤中混入堆肥。追肥是在梅雨結束前和10月左右，於植株底部施予化成肥料。4～9月的生長期則最好每月施予1次液肥。

病蟲害 —— 幾乎沒有。

每日照顧 —— 雖然種了就放著不管也能長得很好，但是3、4年後地下莖變得擁擠會使得收成量減少，因此最好要進行分株。若要對第2年之後就能採收的茗荷竹進行軟化栽培，就要在長出新芽之前覆上紙箱再用黑色塑膠袋蓋住遮光。等到大約3週後長出5cm左右的芽，這時只要短暫照射陽光就會稍微偏紅。長出7、8片本葉後即可開始採收。

Calendar	1月	2月	3月	4月	5月	6月	7月	8月	9月	10月	11月	12月
盛產期				—	—							
種植、開花				—	—	—		—		—		
採收期					茗荷竹（5月中旬～6月中旬）	—	—	夏蘘荷	—	秋蘘荷	—	
繁殖期						—					—	

每年都能採收的
多年生草本香草

19

植株高度約60～90cm。右圖為薑的葉子。左圖是採收根的樣子。大薑「近江」以及小薑「谷中」是在日本很常見的品種。

全世界都熟悉的重要香料

薑

Ginger

作為辛香佐料和香料，薑在日本也是最為人熟悉的一種香草。廣泛分布於全世界，是中國料理和印度的咖哩料理不可或缺的存在，在歐美也經常被用來製作薑汁汽水。具有健胃整腸、促進血液循環的作用，而且眾所周知，在快要感冒時喝薑湯能夠使全身暖和起來。連葉嫩薑是食用莖，粉薑則是食用根的部分。喜歡帶有濕氣的溫暖處，所以必須留意不要讓栽培場所乾燥缺水。要是保存的薑發芽了，試著種在盆器裡應該也很有趣。

DATA

- 學名＝Zingiber officinale
- 科名＝薑科
- 原產地＝熱帶亞洲～印度、馬來西亞
- 別名＝——
- 高度＝約60～90cm
- 盛產期＝3月中旬～5月
- 可使用部分＝莖、根
- 用途＝料理、點心、飲品

Variety use

❖可使用部分 莖 根

根部附近開始變紅便是連葉嫩薑的採收期。如果讓根肥大直到葉子枯萎變黃就會變成粉薑。

❖做成料理……

根除了可為肉、魚去腥和調味，也能磨成泥當成辛香佐料使用。剛採收下來的柔軟嫩薑最適合用醋和糖進行醃漬。食用柔軟莖部的連葉嫩薑搭配味噌，在炎炎夏日能夠有效促進食慾。

❖做成點心……

只要混入麵包、蛋糕、餅乾的麵團中，辛辣的風味便能發揮促進食慾的功效（左圖）。另外，把薑切碎和砂糖一起熬煮而成的果醬（右圖）除了搭配麵包外，也能取代砂糖加入紅茶中，做成一杯滋味豐富的冬季熱飲。

Taking care

適宜環境

喜歡高溫多濕，討厭乾燥。適合的生長溫度為25～30℃。喜歡日照充足且不會吹到風的場所，以及具保水性、略微潮濕的肥沃土壤。由於會產生連作障礙，因此最好每年都種植在不同的地方。

繁殖方式

藉由根莖的分株進行繁殖。由於發芽溫度為略高的18℃，故最合適的種植時間為4月中旬～5月中旬。也可以種植市售的薑。

採收：採收期 7～11月

7～9月是連葉嫩薑，10～11月則可採收粉薑。愈晚採收，辛辣程度就愈高。因為霜會傷害根莖，必須在下霜之前採收完畢。

栽種方式的重點

種植——將根莖分切成好幾個（各約50～70g），並間隔15cm左右埋入土中深約5cm處。只要注意避免乾燥，大約2星期～1個月就會發芽。新芽易斷，須避免觸碰。

供水——因為討厭乾燥，一旦土壤表面半乾就要澆水。種植後如果水分不足就不會生長，因此當雨水太少或是夏季土壤容易乾燥時，須特別留意缺水問題。水分過多味道也會變淡，而且容易腐爛、不易儲存。

肥料——最好於種植的1～2個星期前先在土壤中混入苦土石灰和堆肥、發酵油粕等。追肥為每月施予1次左右的液肥。採收連葉嫩薑後也別忘了追肥。避免使用含氮量高的肥料。

病蟲害——連作和澆太多水都容易使根莖腐爛，罹患散發惡臭的根腐病。必須避免連作及過度灌溉。

每日照顧——發芽後為了促進根莖發育，要在採收之前分3、4次，將土堆往植株底部約4cm。可望透過這個堆土的動作讓根莖長得更加碩大。

Calendar	1月	2月	3月	4月	5月	6月	7月	8月	9月	10月	11月	12月
盛產期			—	—	—							
種植、開花				種植	種植			開花	開花	開花		
採收期							連葉嫩薑	連葉嫩薑	連葉嫩薑	粉薑	粉薑	
繁殖期				—	—							

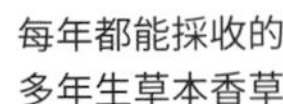

每年都能採收的
多年生草本香草

19

春天盛開的番紅花

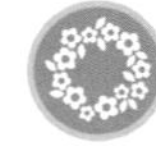

據說要用掉150朵花才能取得1g的番紅花香料，可見其珍貴性。初春綻放的番紅花（右圖）除了能夠看出是否有3根紅色雌蕊，花朵帶有香甜氣味也是特徵之一。

常用於為米飯增添風味和製作西班牙料理

番紅花

Saffron Crocus

原產於小亞細亞到地中海沿岸的鳶尾科球根植物。帶有微苦的獨特風味和能夠勾起食慾的香氣，同時也因為被用來將西班牙料理的「海鮮燉飯」、「馬賽魚湯」染成黃色而廣為人知。由於是用1朵花只有3根的雌蕊製成，收成量非常少而成為價格高昂的香料。通常作為辛香料和染料使用，金黃色的番紅花茶同樣顏色亮麗，且具有緩解焦躁不適感的功效。看準花盛開的時候將雌蕊的柱頭摘下，乾燥後再行利用。只需要極少量就能呈現出鮮豔色彩和香氣，即便收成量少也相當足夠。

DATA

- 學名＝Crocus sativus
- 科名＝鳶尾科
- 原產地＝小亞細亞～地中海沿岸
- 別名＝藏紅花
- 高度＝約15～20cm
- 盛產期＝7～9月（球根）
- 可使用部分＝花（雌蕊）
- 用途＝料理、點心、茶、酒、染色

Variety use

❖可使用部分 花 ※懷孕期間應避免使用

為了發揮番紅花本身的獨特香氣，最好不要和薑黃、辣椒等香氣強烈的香料一起使用。

❖做成茶飲……

將3根乾燥的雌蕊放入杯中，再倒入熱水。

❖做成料理……

運用在料理上時，要先將經過乾燥的少量番紅花，用冷水或熱水浸泡至少20分鐘再使用。浸泡愈久，香氣、顏色、風味會愈濃郁。番紅花飯的作法是在洗好的米中加入泡過番紅花的液體，然後以適當水量正常地炊煮（左圖）。

❖做成甜點、飲品……

以浸泡液為麵包、餅乾、蛋糕增添風味。在500ml水果利口酒中放入10～20根乾燥雌蕊，靜置約1個月，製成馥郁時髦的餐前酒（右圖）。

Taking care

適宜環境

喜歡日照充足、排水良好的肥沃土壤。若要採收雌蕊，就要避免開花時淋到雨。

繁殖方式

以球根繁殖。如果是地植，3～4年可直接分球繁殖。開花後有多少芽莖就會有多少球根。只要留下1、2根粗大的芽，其餘則從根部拔掉，才會長出碩大的球根，並且在隔年開出又大又漂亮的花。

採收：採收期 10月～12月中旬

種植後大約2星期就會開花。採摘1朵花只有3根的紅色雌蕊。在開花當天用鑷子輕輕地摘下，然後放在篩網上置於通風良好處使其乾燥。

栽種方式的重點

種植 —— 從8月中旬到10月左右，栽種在排水良好的土壤中。取5～15cm的間隔，埋入深約5、6cm處。使用水耕法也能夠栽培。若以採收雌蕊為目的，那麼只要將球根緊密地排入淺盤且不施予水分就會開花。必須在開花當天採收。

供水 —— 因為喜歡略為乾燥的土壤，所以要等到土壤表面乾了再給予充足水分。雖然最好能夠保持偏乾燥的狀態，但也要注意不能過度乾燥。

肥料 —— 在開花後葉子生長的時期，輪流施予液肥和固體的複合式肥料，讓球根長大。氮肥太多會使得球根容易腐爛，須特別留意。

病蟲害 —— 幾乎沒有。

每日照顧 —— 若原先不是種在土裡（例如水耕栽培），只要在開花後回到土壤中讓球根發育，隔年就又能看見花朵綻放。

Calendar	1月	2月	3月	4月	5月	6月	7月	8月	9月	10月	11月	12月
盛產期							—	—	—			
種植、開花								—	—	—	—	—
採收期					— 挖出球根					—	— 雌蕊	—
繁殖期					— 分球							

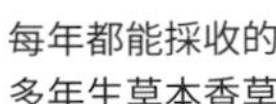

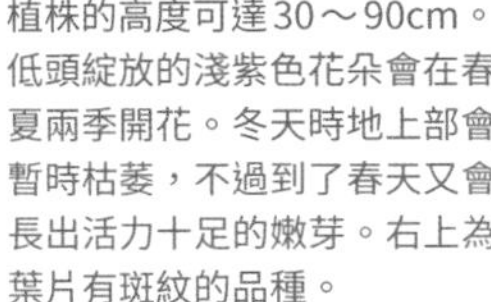
植株的高度可達30～90cm。低頭綻放的淺紫色花朵會在春夏兩季開花。冬天時地上部會暫時枯萎，不過到了春天又會長出活力十足的嫩芽。右上為葉片有斑紋的品種。

可收成大片葉子、生長力旺盛的香草

康復力
Common Comfrey

原產於歐洲等地的紫草科植物，低頭綻放的模樣十分美麗，淡雅的花色能為庭院增添柔和色彩。也有白花、斑葉種、矮種等品種，無論花圃或容器皆可輕易栽培作為觀賞用。種在院子裡即便放著不管也會生長茁壯，夏天時能採收許多葉片。主要使用葉子製作染料，能夠染出香草獨有的柔和色彩。

有報告指出會對肝臟造成負擔（日本厚生勞動省調查），因此請避免食用。

葉子的分解速度快，也推薦將大量採收的葉子作為堆肥或覆蓋物的材料。

DATA

- 學名＝Symphytum officinale
- 科名＝紫草科
- 原產地＝歐洲、小亞細亞、西伯利亞西部
- 別名＝聚合草、鰭玻璃草（日文名稱）
- 高度＝約30～90cm
- 盛產期＝4～6月、9～11月
- 可使用部分＝葉
- 用途＝染色

Variety use

❖可使用部分 葉

收成量大、體質強健的香草。由於不適合食用，建議最好用來染色。可愛的花朵也很適合點綴餐桌。

❖染色用……

熬煮新鮮葉片產生的汁液可以進行香草染。顏色呈現淺黃綠色，是香草獨有的樸實柔和色調（右圖）。首先將新鮮葉片切碎，用大約可蓋過葉片的水量熬煮。接著加入水，用布過濾液體，等到稍微變涼了再放入毛線或布，一邊攪拌一邊煮沸幾十分鐘。離火降溫後用溫水清洗毛線或布，稍微脫水。為了固色，要在以熱水溶解鐵或硫酸銅的液體中加水，然後把脫水的毛線或布放進去煮沸，同時一邊攪拌。最後用溫水漂洗，稍微脫水後置於陰涼處乾燥。

Taking care

適宜環境

雖然在日照充足的場所也能長得很好，但還是比較適合半日照的環境。喜歡帶有濕氣的肥沃土壤。

繁殖方式

以播種、分株方式繁殖。播種的最佳時機為3～4月。自然掉落的種子也能順利生長。另外還有一種方法是在4月初左右，將埋在地面下的根剪下約10cm，使其橫躺種在想種的位置然後覆上土壤。

採收：採收期 3～11月

生長期間隨時都能收成。能夠大量採收的時間是夏天。最好從根部收割。

栽種方式的重點

種植 —— 植苗要在春天或秋天進行。由於生長力旺盛，會大範圍地向外延伸，因此如果是地植需要有比較寬敞的空間。若是盆植則要選擇大一點的容器。

供水 —— 若是盆植，要等到土壤表面乾了再給予充足水分。如果是地植，除了剛種植完和盛夏的乾燥期，其他時間可以不用澆水。

肥料 —— 種植時要混入緩效性肥料作為基肥。只要在夏天的尾聲施予追肥，之後植株就會長得很好。

病蟲害 —— 幾乎沒有。

每日照顧 —— 由於體質非常強健，因此種完之後就算放著不管也能長得很好。因為植株會不停往旁邊延伸擴張，如果不想放任它任意繁殖，就要從根拔起處理掉。長得太茂密時，最好要適度剪枝以調整分量。

Calendar	1月	2月	3月	4月	5月	6月	7月	8月	9月	10月	11月	12月
盛產期				—	—	—			—	—	—	
種植、開花			—	—	—	—		—	—	—		
採收期			—	—	—	—	—	—	—	—	—	
繁殖期			—	—						—		

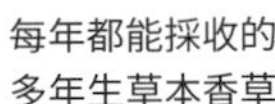

每年都能採收的
多年生草本香草

19

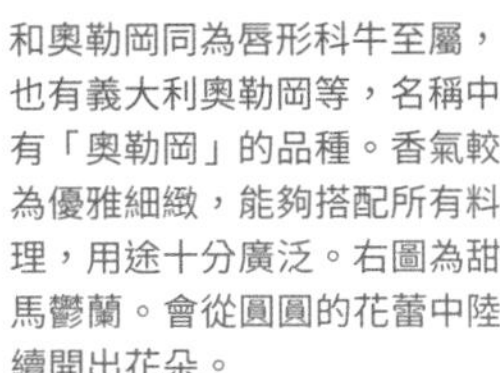

和奧勒岡同為唇形科牛至屬，也有義大利奧勒岡等，名稱中有「奧勒岡」的品種。香氣較為優雅細緻，能夠搭配所有料理，用途十分廣泛。右圖為甜馬鬱蘭。會從圓圓的花蕾中陸續開出花朵。

非常適合搭配肉類料理

馬鬱蘭

Marjoram

DATA

- 學名＝Origanum majorana
- 科名＝唇形科
- 原產地＝地中海東部沿岸
- 別名＝花薄荷（日文名稱）、馬郁蘭、甜馬鬱蘭
- 高度＝約20～50cm
- 盛產期＝3～6月
- 可使用部分＝葉、花、莖
- 用途＝料理、噗噗莉

原產於地中海沿岸的唇形科香草，又稱作「甜馬鬱蘭」。略帶甜味的優雅香氣和肉類料理格外搭配，是許多人愛用的「肉之香草」。花和葉片除了可以用來做成肉類料理的醬汁，和香腸、豬肉、羊肉等炙燒料理，以及肉醬也很搭。連莖一起放在肉或魚上用烤箱烘烤，能夠創造出恰到好處的迷人香氣。經過乾燥的馬鬱蘭的特徵是會比奧勒岡略帶一些許苦味，是名為「普羅旺斯香草」的南法綜合香料的材料之一，可以在烹調的最後步驟為料理增添風味。

Variety use

❖可使用部分 葉 花 莖 ※懷孕期間應避免使用

無論新鮮或乾燥的風味皆相同。因為沒有什麼特殊的味道，建議不妨多多運用在料理中。

❖做成料理……

除了可以去除肉腥味，和魚類料理、湯品也很搭。使用方法是將採收下來的葉子連莖一起加進去煎烤或燉煮。南法的綜合香料「普羅旺斯香草」是以馬鬱蘭、奧勒岡、百里香、迷迭香等好幾種乾燥香草混合而成。只要混入岩鹽中，即可輕鬆做出香草鹽（右圖）。

❖做成噗噗莉……

由乾燥的馬鬱蘭、香蜂草、薄荷、百里香、洋甘菊、薰衣草混合而成（左圖）。清爽的香氣令人感到身心舒暢。

Taking care

適宜環境

喜歡日照充足、略為乾燥的場所。因為討厭多濕，須盡可能選擇通風良好的場所。一旦結霜就會枯萎，因此日本關東以北的地區要在室內過冬。

繁殖方式

以播種、芽插、分株方式繁殖。由於以自家採取的種子繁殖香氣會減弱，因此最好選擇香氣較佳的植株，以10cm左右的嫩芽進行芽插。

採收：採收期 5 ～ 9月

快要開花前的葉子香氣最迷人，所以等到植株長大後，要從距離植株底部約5cm處收割採下。如果植株很小則最好保留莖，只將葉片輕輕摘下。

栽種方式的重點

種植 —— 種子要在春天或秋天撒在苗床上，覆上約1cm的土並避免完全乾燥，待苗長到約10cm就取20 ～ 30cm的株距定植。

供水 —— 因不耐過度潮濕的環境，要等到土壤表面乾了再給予水分。若還沒乾燥就澆水，會導致下方葉子枯掉、根部腐爛，須特別留意。也要避免底盤積水。

肥料 —— 種植時要施予緩效性肥料作為基肥。施予過多肥料會使得葉片的香氣和風味下降，因此採收後只要施加少量含氮量少的肥料即可，不需要追肥。

病蟲害 —— 夏季一旦通風不佳又多濕，植株就會因為悶熱而罹患灰黴病。

每日照顧 —— 只要在苗的時期摘芯就會長出側芽，讓植株長得茂密旺盛。由於不耐高溫多濕，梅雨季節尤其要對枝葉過度密集的部分進行修剪同時採收，以保持良好通風。因為莖會逐漸木質化，最好每2、3年就分株1次以更新植株。

Calendar	1月	2月	3月	4月	5月	6月	7月	8月	9月	10月	11月	12月
盛產期												
種植、開花												
採收期												
繁殖期												

每年都能採收的
多年生草本香草

19

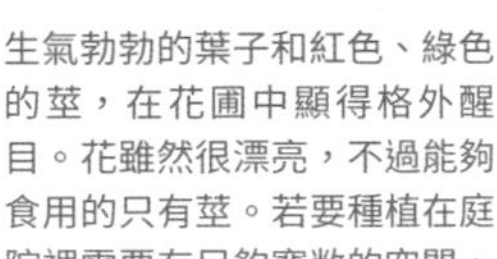

生氣勃勃的葉子和紅色、綠色的莖，在花圃中顯得格外醒目。花雖然很漂亮，不過能夠食用的只有莖。若要種植在庭院裡需要有足夠寬敞的空間。

帶有酸味的味道很適合做成果醬和點心

大黃

Rhubarb

DATA

- 學名＝Rheum rhabarbarum
- 科名＝蓼科
- 原產地＝西伯利亞南部
- 別名＝丸葉大黃（日文名稱）
- 高度＝約80～200cm
- 盛產期＝4～6月
- 可使用部分＝莖
- 用途＝料理、點心、果汁

原產於西伯利亞南部，是植株可長成和人差不多高的大型香草。深綠色葉片上的葉脈十分清晰，莖的顏色則依品種而異。在花園中格外亮眼的外觀，以及富含纖維質、鈣質的健康形象，使其成為備受矚目的香草。葉子因含有許多名為草酸的成分而不適合食用，不過莖卻可用來製作果醬和派、塔等點心。粗大的莖乍看感覺又粗又硬，但是切碎加熱後馬上就會變軟。因為帶有恰到好處的酸味，在歐洲經常用來為優格製品等進行調味。

Variety use

❖可使用部分 莖 ※懷孕期間應避免使用

含有葉酸的葉子不適合食用。在歐洲過去是當成研磨銅、黃銅等的研磨劑使用。也建議作為堆肥的材料。

❖做成果醬……

經典的使用方法為做成果醬（左、右圖）。酸甜的香氣除了加進優格裡，也很適合作為塔或派的材料。作法是去掉葉子，將莖連皮切段，然後加入約為大黃一半分量的砂糖和少量的水，一邊熬煮一邊撈除浮沫。煮到沒有水氣後加入檸檬汁就完成了。因為莖富含水分，所以掌握是否不要加水或減少水量為製作時的重點。

❖做成果汁……

熬煮砂糖和大黃，之後加入水或蘇打水做成果汁。這是一道富含纖維質和鈣質的鹼性飲料。

Taking care

適宜環境

喜歡全日照～半日照的涼爽場所，以及排水良好的肥沃土壤。因為會長得很龐大，最好種在能夠取得1m以上間隔的地方。

繁殖方式

以播種和分株方式繁殖。發芽溫度為略高的20～22°C，所以播種要在4～5月進行。分株最適合的時期為4月。將整株挖出來，盡量留下粗大的根進行分株。

採收：採收期 4～9月中旬

第1、2年的葉子數量還很少，所以要避免收成，並將重點放在植株的發育上。第2年之後（盡量在第3年之後）就可以開始採收，從植株底部將長到超過50cm的葉柄（莖）剪下。

栽種方式的重點

種植 —— 種子要點播在盆器或花盆裡，並且避免乾燥缺水。發芽率很高，約莫1～2個星期就會發芽。等到長出3、4片本葉，即可取足夠的株距定植。為了加強排水，最好堆高植株底部的土。

供水 —— 澆太多水或排水不良會使得根部腐爛。過度乾燥也會讓植株長不大。要等到土壤表面乾了再給予充足水分。

肥料 —— 種植時要施予緩效性肥料作為基肥。春天萌芽時和收成後要施加追肥。第2年之後則幾乎不需要追肥。

病蟲害 —— 對病蟲害的抵抗力很強。

每日照顧 —— 因不耐高溫和強烈陽光，盛夏時必須防曬遮光。第1年長出花莖後要及早摘除以免開花，如此植株才會長得茂盛。枯掉的下方葉片要勤於摘除。

Calendar	1月	2月	3月	4月	5月	6月	7月	8月	9月	10月	11月	12月
盛產期				—	—	—						
種植、開花				—	—		—	—				
採收期				—	—	—	—	—	—（第2年之後）	—		
繁殖期				—	—					—		

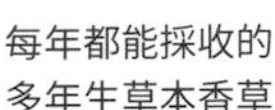

每年都能採收的
多年生草本香草

19

初夏到盛夏綻放的球狀花朵非常可愛。秋天常見的野草地榆是這種香草的近親。

嫩葉可直接作為沙拉食用

小地榆

Salad Burnet

DATA

- 學名＝Sanguisorba minor
- 科名＝薔薇科
- 原產地＝歐洲～溫帶亞洲
- 別名＝阿蘭陀吾亦紅（日文名稱）
- 高度＝約30～60cm
- 盛產期＝4～6月、9～10月
- 可使用部分＝葉、花
- 用途＝料理、沙拉、乾燥花、切花

這款色澤鮮嫩的綠色香草充滿清新感，特徵是葉片會從中心往外放射狀地擴散出去。鋸齒狀的葉片可以直接做成沙拉生食。味道類似小黃瓜，吃起來略帶生味又十分爽口，而且富含維他命C可幫助消化。於春夏兩季綻放的花朵會在前端長出圓圓的花芽，十分可愛，也常被用於插花和製作乾燥花。只要加上幾支，便能為整體布置增添幾分新意。因為非常好種，即便是新手也能輕鬆栽培這一點很吸引人。

Variety use

❖可使用部分 葉 花

連莖一起收成後使用葉片。由於富含維他命C，因此以生食為佳。開花後葉子會變硬。

❖做成料理……

將生鮮嫩葉直接做成沙拉是最正統的使用方法。只要和萵苣等綠色菜葉混合就會變得很好入口。除此之外，切碎後還可以作為湯或魚類料理的點綴，而且和起司、奶油等乳製品也很搭。將葉子混入奶油乳酪中後抹在餅乾上，就成了一道簡單又美味的下酒菜（左、右圖）。

❖做成工藝品……

夏天綻放的球狀花朵即使經過乾燥，色澤也不會改變，因此很推薦做成乾燥花或是花環。鋸齒狀的葉片則可以做成壓葉，用來裝飾蠟燭、肥皂等。

Taking care

適宜環境

喜歡日照充足且通風、排水良好的土壤。夏季的強光會灼傷葉片，因此必須防曬遮光。梅雨季節時，如果是盆植最好要移至屋簷下，以免淋到雨。因為十分耐寒，在戶外也能安然過冬。

繁殖方式

以播種、分株方式繁殖。因為自然掉落的種子也能發芽，所以發現之後要趕快移植。分株要選在春天或秋天進行，用刀子或手去撕，將植株的根部分成小株。

收穫：採收期 5～10月

待生長到一定程度，長出20支以上的枝莖後即可採收。選擇柔軟的葉片，從外側依序連同莖一起從植株根部剪下。

栽種方式的重點

種植 —— 於春天或秋天播種於花盆內。種子比較大顆，所以方便處理。只要不讓土壤乾燥，約莫半個月就會發芽。適度間拔，等到長出4、5片本葉就取30cm以上的株距定植。

供水 —— 討厭多濕，喜歡略為乾燥的環境。也討厭極度乾燥的環境。如果是盆植，要等到土壤表面乾了再澆水。若是地植則不需要供水。

肥料 —— 種植時要在土壤中混入緩效性肥料。追肥為每月施予1次固肥，或每月1、2次液肥。

病蟲害 —— 持續處於乾燥狀態會出現葉蟎，梅雨季節的悶熱則會引發白粉病。

每日照顧 —— 枝葉一旦雜亂擁擠就會悶熱，導致下方葉片枯萎，因此密集部分須適度修剪以保持良好通風。老舊枝葉要勤於去除。由於開花後葉子會變硬，須及早從接近地面處剪除花莖。為避免植株老化使得生長力衰退，必須進行移植同時分株，以更新植株。

Calendar	1月	2月	3月	4月	5月	6月	7月	8月	9月	10月	11月	12月
盛產期				—	—	—			—	—		
種植、開花				—	—	—			—	—		
採收期					—	—	—	—	—	—		
繁殖期				—	—				—	—		

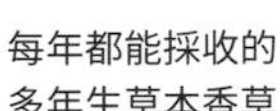

每年都能採收的
多年生草本香草

19

植株高度約為30 ～ 60cm。長長花莖上開出小白花的模樣，宛如蒙上一層霧氣般充滿朦朧之美。也可以連莖一起剪下做成切花。

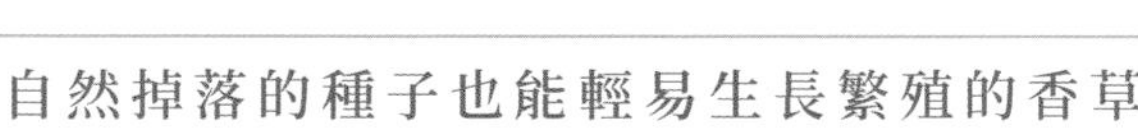

自然掉落的種子也能輕易生長繁殖的香草

新風輪菜

Common Calamint

原產於南歐的唇形科香草，特徵是葉片帶有薄荷般清涼的芳香。是薄荷的近親種，即便是自然掉落的種子也能順利繁殖。因為放著不管也能長得很好，所以很推薦新手嘗試。初夏時會開出惹人憐愛的美麗花朵，作為點綴庭院的觀賞用植物也十分受歡迎。使用方法和薄荷幾乎相同。在葉片之中倒入熱水泡成的香草茶，有著和「綠薄荷」相似的氣味，除了可調節腸胃功能外，在剛開始感冒時飲用還能舒緩不適症狀。花朵帶有鼠尾草般的清新香氣，很適合添加在夏天的冷飲中。

DATA

- 學名＝Calamintha nepeta subsp. glandulosa
- 科名＝唇形科
- 原產地＝南歐
- 別名＝假荊芥新風輪菜
- 高度＝約30 ～ 60cm
- 盛產期＝5 ～ 6月、9 ～ 10月
- 可使用部分＝葉、花、莖
- 用途＝料理、點心、茶

Variety use

❖可使用部分 葉 花 莖 ※懷孕期間應避免使用

葉和花的使用方式和薄荷大致相同，而且因為沒有什麼特殊的味道，所以用途十分廣泛。開花期很長的小花也能作為觀賞之用。

❖做成料理……

可以將少量切碎的新鮮葉片，放在煎好的魚類料理上（左圖）。或是加到日式淋醬裡面取代醬汁使用也很方便。新風輪菜雖然和煎雞肉、羊肉也很對味，不過最好斟酌，少量使用。

❖做成甜點……

除了作為蛋糕、冰淇淋的裝飾，也可以用來點綴糖漬水果（右圖）。使其漂浮在冰飲或雞尾酒中也很漂亮。

❖做成茶飲……

因為可有效促進發汗、緩解喉嚨的刺痛感，所以可於感冒初期時飲用。

Taking care

適宜環境

喜歡全日照～半日照，略為乾燥的土壤。因為討厭高溫多濕，夏季時最好種植於涼爽處。若種植在日照充足的地方，植株就會長得比較小，花朵數量也會變多。冬天時地上部雖然會枯萎，但是在戶外也能安然過冬。

繁殖方式

播種、分株、芽插等。分株要在春天或秋天進行。芽插最適合的時期是在初夏。自然掉落的種子也能繁殖。

採收：採收期 5～11月

春天到秋天皆可採收葉子。收成的同時也順便摘芯。花要在快綻放之前連莖一起剪下。

栽種方式的重點

種植 —— 播種要在春天或秋天進行。可以直播在院子或盆器裡，或是散播於育苗箱中。栽種過程中一邊間拔，長大之後最好取30cm以上的株距。

供水 —— 等到土壤表面乾了再給予充足水分。因為喜歡偏乾燥的土壤，梅雨季節不需要澆水。

肥料 —— 種植時要事先混入緩效性肥料。只要在初夏的生長期施予追肥就會長出許多新芽。

病蟲害 —— 植株衰弱或通風不佳就有可能出現芽蟲、葉蟎，或是罹患灰黴病。

每日照顧 —— 只要摘芯順便採收，植株就會順利長出側芽。潮濕的環境會導致根部腐爛，因此為了保持良好通風，最好適度剪除雜亂的枝條。開花後，要從接近地面約10～20cm處進行修剪。

Calendar	1月	2月	3月	4月	5月	6月	7月	8月	9月	10月	11月	12月
盛產期					—	—			—	—		
種植、開花				—	—	—	—	—	—	—	—	
採收期					—	—	—	—	—	—	—	
繁殖期				—	—				—			

長成後的
採收與保存技巧

香草順利長大後，接下來就是採收的時候了。只要學會摘取的訣竅和保存方式，便能延長享用香草的時間。將大自然的恩惠融入生活中好好利用吧。

香草每天都是採收期 摘取位置是關鍵

不同種類的香草可以利用的部分未必只有一個，例如花、葉、根，甚至有些整株皆可使用。至於要使用哪個地方，就要依植物的特徵和運用方式而定了。像是摘下葉子後直接將生鮮香草運用在料理、茶飲中，將花和葉子乾燥後做成工藝品或加以保存。有時也會為了隔年能夠繼續收成而採取種子。

若是要在料理中使用少量的葉子或花，有些香草也可以邊種邊進行採收。栽培的樂趣與使用的樂趣。就讓我們學會採收和保存的訣竅，盡情享受香草充滿生命力的大自然力量吧。

採收花朵

一般認為香氣迷人的花朵最適合採摘的時間點，是在下雨隔天放晴的早晨。若要食用的話，就要利用剛綻放不久的新鮮花朵。有只摘取花瓣和連莖一起採收的方法，而採收方式會依據花序有所不同。

「噗噗莉、茶飲等利用花瓣的香草」

洋甘菊、琉璃苣要用手從花托摘下。像金蓮花這種花莖很長的品種要從莖的底部摘取，然後用剪刀剪斷花莖來使用。至於菊苣這種花瓣柔軟的香草則要使用剪刀，盡量小心不要觸碰到花瓣。

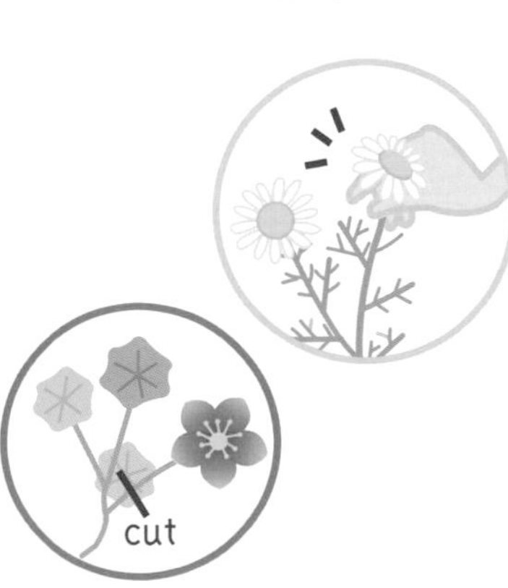

「連莖一起採收做成乾燥花」

假使要將春黃菊、香檸檬之類的花吊起來製成乾燥花或是乾燥保存，又或者是像西洋蓍草這種花朵細小的香草，就要連莖一起剪下來。初夏綻放的薰衣草、新風輪菜則是最好要留下一定程度的枝葉，並且適度剪枝以保持良好通風。

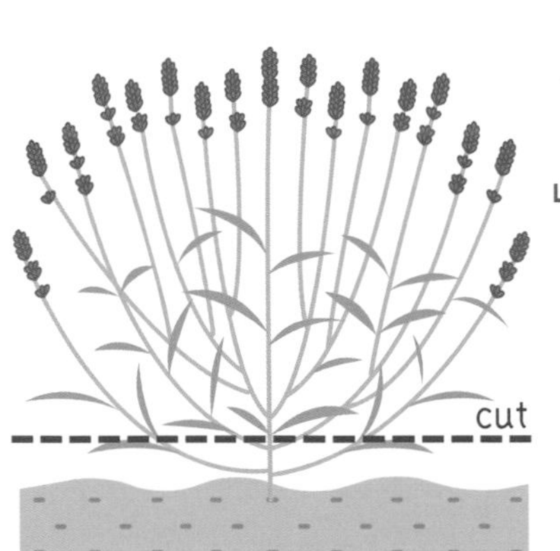

採收莖葉

莖葉的採收方法會隨葉片的生長方式而異。只要掌握摘取的重點，就能長久享用新鮮的香草。

「栽種過程中一邊摘芯同時採收」

百里香、薄荷、迷迭香要一邊摘芯（讓側芽生長，好讓植株長得漂亮又不會過高的作業）同時採收。讓一根枝條留下幾片葉子，且務必要從節的上方剪斷。若只適度採收所需要的量，新鮮葉片便會陸續發芽。奧勒岡、芫荽、紫蘇、羅勒、香蜂草也是如此。

「有些品種要從植株底部採收」

像是從植株底部筆直長出葉片的檸檬香茅這類品種，以及從植株底部擴散分枝的細香蔥，要從接近地面處收割。若只在生長期摘取所需要的量，之後會再次長出新芽。義大利香芹、芫荽、康復力、小地榆、峨蔘、蒔蘿、大黃、芝麻菜等的採收方式也一樣。

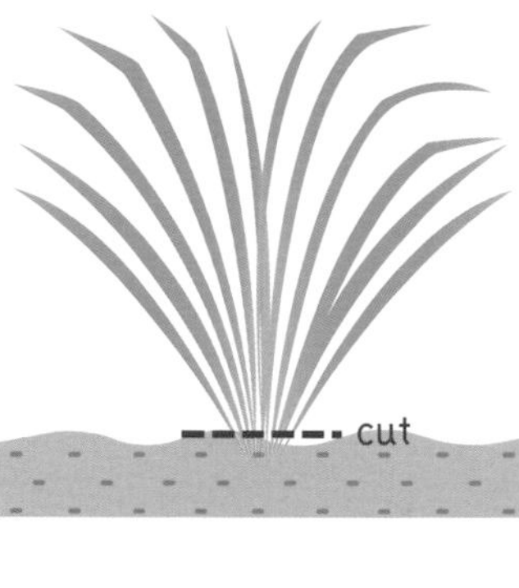

採收種子

若欲採收種子，就要從花期尾聲開始只留下漂亮的花，不摘除花序梗使其結出種子。採收方式主要為以下兩種。這兩種方法雖然是依據種子的大小區分，但其實也會隨採收的時間點而改變，因此請選擇方便施作的方式。

「連莖剪下枯萎的花穗」

等花穗枯萎連莖一起剪下，吊掛在通風良好處使其乾燥。徹底乾燥後揉搓殼，再用扇子搧風把殼吹掉。例如羅勒、鼠尾草、迷迭香、芫荽、小地榆、紫蘇、金盞花等。

「假使種子細小容易掉落」

像是採收細小種子，或是在花穗乾燥到一定程度才收割時，當遇到這類種子容易掉落的情況，要用塑膠袋套住莖剪下，然後倒過來綁住袋口，輕輕敲打讓種子掉落。適用於百里香、奧勒岡、薰衣草、德國洋甘菊、牛膝草、茴香等種子細小的品種。

採收根

薑、康復力、菊苣的根雖然會因品種不同而略有差異，不過採收期通常都在地上部的葉片受到陽光充分照射、蓄積養分的夏末到秋天。留下粗大的根，將細根去除使用。

選對保存方法，一整年都能運用香草

香草是大自然的恩惠。由於幾乎所有品種都有其適合生長的時期，因此很遺憾地並無法一整年都採收到新鮮香草。可是只要知道如何保存，就能長時間享用那份恩惠，甚至還可以在保存過程中讓香草的效能進一步提升。因為自家栽培的香草有時會出乎意料地大豐收，建議最好以不同的方式保存，這樣也會更有樂趣。像是吊掛晾乾，或是浸泡在油裡，只要花一點心思，就連保存過程也能化身成為裝飾小物。不妨也挑選有質感的緞帶和瓶子來保存吧。

＊香氣和顏色無法永久保存。另外，香氣和顏色會因為受到強光照射而衰退，請避免陽光直射，並且等時間到了就換新。

自然乾燥

連莖採收的香草要用繩子綁成一束倒吊起來，只採收花或葉子時則要攤放在篩網或報紙上。兩者最好都要放在通風良好的陰涼處，好讓香草能盡量在短時間內乾燥。完全乾燥後放入密閉容器中，置於沒有直射陽光的地方保存。假使無法呈現乾燥脫水的狀態，也可以利用烤箱的餘溫或攤放在白熾燈下幾小時加熱。

[吊掛晾乾]

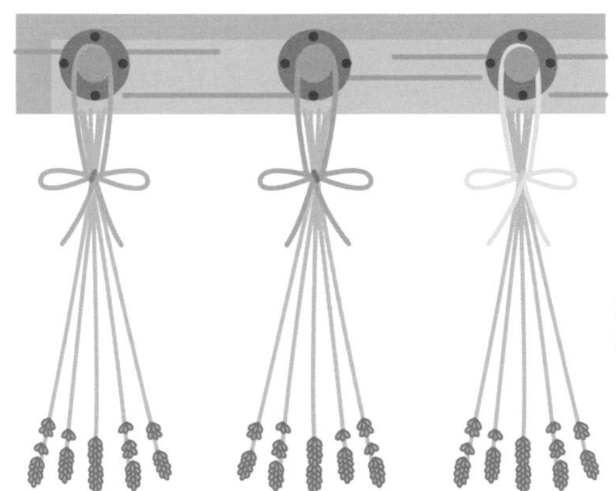

挑選有質感的麻繩或拉菲草繩，綁成像捧花一樣使其乾燥。只要吊起來排成一列就能當成室內擺飾。

[放在篩網上]

大片的葉子和花瓣要一片一片地排放。小花直接整朵放上去。小葉子則要分成小枝，平放在上面。

[適合保存的密閉容器]

不會有濕氣跑進去的密閉容器、夾鏈塑膠袋、有蓋的瓶子比較適合。容器在使用前也要經過乾燥。

冷凍保存

［適用於不易乾燥的果實類］

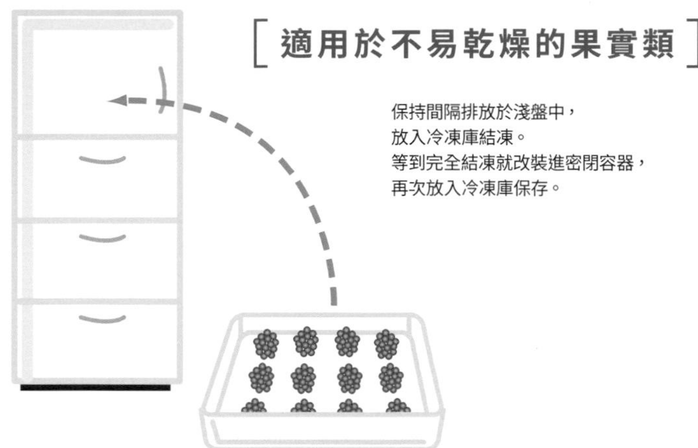

野草莓的果實這類很難乾燥的香草，可以選擇冷凍保存比較方便。另外，像薄荷葉這種乾燥後就很難食用的香草，以及像琉璃苣、菊苣的花這種乾燥後花色會變不漂亮的香草，只要做成冰塊就能以接近新鮮的狀態加以保存。雖然實際狀況會因冷凍庫的性能而異，但建議還是儘快使用完畢。

加工保存

［可以直接用於料理或點心］

香氣濃郁的香草可以加工做成香草油或醋來保存。將新鮮葉片用水洗淨後徹底拭乾，放入經過煮沸消毒的容器中，接著倒入油或醋。不時搖晃容器使其熟成，之後即可使用轉移香氣的液體。香菫菜、琉璃苣只要用砂糖醃漬花朵，即可長久維持美麗的色彩。

▼你栽種的香草適合乾燥還是生鮮呢？▲

將香草作為食用時，有些種類適合乾燥，有些則是保持新鮮最能發揮香氣。來確認一下你手邊的香草適合哪一種吧！

▼乾燥後會提升風味
月桂、奧勒岡、鼠尾草、貓穗草

▼生食比較美味的香草
羅勒、薄荷、峨蔘、芝麻菜、蒔蘿、芫荽、金蓮花、香蜂草、龍蒿

▼兩者都OK的香草
迷迭香、百里香、洋甘菊、馬鬱蘭、香葉天竺葵

Hyssop
Japanese Pepper
Curry Plant
Sweet Violet

Jasmine
Lamb's Ears
Cotton Lavender
Rose Laurel

毋須費心照顧的
常綠＆木本香草 9

以下精選了幾種存在感十足的常綠及木本香草。
種了之後可以欣賞好幾年這一點也令人開心。
在欣賞的過程中，栽培的樂趣會逐漸湧現。
即便生活忙碌，也想輕鬆享受栽種之樂……
本章將介紹以此為出發點的9種香草。

●「栽種方式的重點」的「種植」是介紹最適合新手的簡單方法。使用其他方法也能繁殖者會在「繁殖方式」進行解說。另外，播種時期是記載於年曆中的「種植、開花」、「繁殖期」。

9

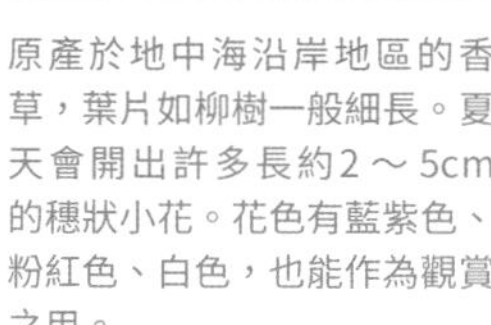

原產於地中海沿岸地區的香草，葉片如柳樹一般細長。夏天會開出許多長約2～5cm的穗狀小花。花色有藍紫色、粉紅色、白色，也能作為觀賞之用。

可為肉類、魚類料理增添香氣及促進消化

牛膝草

Hyssop

這是一種耐寒的小灌木，葉片有著類似薄荷的清爽香氣和苦味，會在6月到9月開出藍紫色的美麗花朵。也有開出白色和粉紅色花朵的種類，一大株同時開出許多花的壯觀模樣非常值得一看。

料理主要是利用經過乾燥的葉子。為了增添香氣和促進消化，一般常用於脂肪含量多的肉類和魚類料理，不過建議少量使用為佳。另外，自古便相傳有治療撞傷瘀青的效果。因為也有殺菌作用，也可以作為緩解感冒症狀的茶飲或漱口水使用。新鮮的花則建議做成沙拉。

DATA

- 學名＝Hyssopus officinalis
- 科名＝唇形科
- 原產地＝地中海沿岸地區
- 別名＝柳薄荷
- 高度＝約40～60cm
- 盛產期＝4～6月
- 可使用部分＝葉、花
- 用途＝料理、沙拉、茶、酒

Variety use

❖可使用部分 葉 花 ※懷孕期間應避免使用

葉子主要是使用乾燥的，花則是新鮮和乾燥皆可使用。由於香氣和苦味很強烈，須留意不要使用過量。

❖做成料理……

具促進消化的功效，和脂肪含量多的肉類料理、魚類料理、香腸的搭配性絕佳。只需要使用少量乾燥葉子，略帶苦味的清爽風味便能為料理畫龍點睛。新鮮花朵可以加進沙拉，除了作為點綴，還能享受到刺激又清爽的滋味。

❖做成茶飲和利口酒……

享用完油膩料理之後，來杯以新鮮或乾燥葉子泡成的茶（右圖），讓整個人頓時神清氣爽。因為具有殺菌作用，可以在剛開始感冒時當成漱口水使用。也可以用利口酒浸泡適量快要綻放的花，為酒增添幾分香氣（左圖）。

Taking care

適宜環境

須種植在日照充足且排水、通風良好的場所。會自然生長在弱鹼性土壤中，不過因為在中性、弱酸性土壤中也能生長，所以如果沒有pH檢測計也可以不用中和酸鹼性。

繁殖方式

芽插、分株、播種等。最簡單的做法是芽插。選擇沒有開花的枝條於4、5月進行芽插，便能輕易發根、長出新苗。適合分株、播種的時期也是春天。

採收：採收期6～10月

葉子一直到秋天都能採收，不過開花後不久的香氣最佳。為防止植株悶熱，花開始綻放後必須修剪掉1/2到2/3，同時進行採收。花也要利用剛綻放的花朵。

栽種方式的重點

種植——種子要在春天播種於3吋盆中，一邊種植一邊間拔。等到長出許多苗即可定植。因為不耐多濕，如果是地植最好要將栽植點堆高。

供水——隨時保持略為乾燥，等到土壤表面乾了再給予充足水分。

肥料——由於減少肥料用量才能採收到香氣濃郁的葉片，因此不太需要施肥。若是盆植則要在春秋兩季施予緩效性肥料。

病蟲害——芋蟲、毛毛蟲會啃食葉片，一旦發現就要捕殺。

每日照顧——為防止植株悶熱，並且讓植株中心也能照射到陽光，必須定期間拔雜亂擁擠的枝條。尤其高溫多濕的梅雨季節到盛夏須特別留意。若是盆植，梅雨季節需要架設遮雨棚。

Calendar	1月	2月	3月	4月	5月	6月	7月	8月	9月	10月	11月	12月
盛產期				—	—	—						
種植、開花			—	—	—	—	—	—	—			
採收期						—	—	—	—	—		
繁殖期				—	—							

開出黃綠色花朵的雄株山椒（左圖）。剛摘下來的嫩芽香氣十足，即使沒有結出果實也足以為料理增添風味。要讓雌株結出果實需要有雄株的花粉，不過有些也會單獨結實。

日式料理中不可或缺的日本辛香料

山椒

Japanese Pepper

自古便為人所使用的日本代表性辛香料。為具耐寒性的落葉灌木且帶刺，分為雄株（花山椒）和雌株（實山椒）。4月會開出黃綠色花朵，於秋天結出果實。

廣泛運用於日式料理，只要有1株就會非常方便。像是木之芽（嫩芽和嫩葉）、花山椒（花）、青山椒（未成熟果實）、實山椒（成熟果實）、粉山椒（成熟果皮的粉末）等，不同的部位都有其名稱。討厭移植，如果是地植請仔細考慮後再決定種植地點。也有果實和葉片很大，幾乎無刺的「朝倉山椒」。

DATA

- 學名＝Zanthoxylum piperitum
- 科名＝芸香科
- 原產地＝日本
- 別名＝日本花椒
- 高度＝約100～300cm
- 盛產期＝3～5月、10月
- 可使用部分＝葉、花、果實、種子
- 用途＝料理

Variety use

❖可使用部分 葉 花 果 種

嫩芽、葉子、花、未成熟果實、成熟果實皆可入菜。如果是一般家庭，只需要一株便已足夠。粗壯的樹幹也可以當成香氣迷人的研磨棒使用。

❖做成料理……

嫩芽、嫩葉、花、果實可作展現季節感的裝飾，將料理襯托得更美味。加了酒、砂糖和山椒嫩葉、果實的「田樂味噌醬」（左圖），帶有辛麻的獨特風味和香氣。將枝條前端的柔軟嫩葉放在豆腐上當成辛香佐料和擺飾，除了增添香氣外，外觀看起來也格外賞心悅目（右圖）。嫩芽、嫩葉、花、未成熟果實可作為辛香佐料和佃煮，嫩芽、嫩葉可做成涼拌木之芽和湯品，未成熟果實則可以用味噌醃漬。中華料理所使用的是不同種的花椒，或是不同屬的犬山椒。

Taking care

適宜環境

喜歡日照充足、排水良好、保水性佳的土壤。因不耐乾燥，最好種在不會受到夏日西曬、過於乾燥的地方。為避免乾燥缺水，盆植到了夏季須移至明亮的半日照處。

繁殖方式

播種、嫁接等。自然掉落的種子也能順利繁殖。播種要選在秋天剛採收完之後立刻進行，或是在保有水分的情況下儲存至2、3月再作業。

採收：採收期4～5月、8～10月

香氣絕佳的嫩芽、嫩葉要在春天收成。花是4月，未成熟果實是夏末，成熟果實則是在秋天採收。要小心別讓果實被小鳥吃了。

栽種方式的重點

種植 —— 取得苗木後，種植時須留意避免傷到細根或是過於乾燥。在扎根之前都要以支柱支撐，並且為防止乾燥，要在植株底部覆蓋上腐葉土或堆肥。因為討厭移植，須謹慎選擇栽種地點。

供水 —— 由於屬於淺根植物，必須留意避免處於極度乾燥的狀態。尤其盆植只要水分稍有不足，葉子就會受損，甚至有可能整株都枯萎，因此須特別留意。

肥料 —— 於春秋兩季施予緩效性肥料。

病蟲害 —— 鳳蝶的幼蟲會啃食葉片，因此一旦發現就要捕殺。

每日照顧 —— 在葉片展開的春天到秋天這段期間，要定期確認是否有鳳蝶的幼蟲。盆植則要留意乾燥缺水的問題。

Calendar	1月	2月	3月	4月	5月	6月	7月	8月	9月	10月	11月	12月
盛產期			—	—	—					—		
種植、開花		—	—	—	—					—		
採收期				—	—			—	—	—		
繁殖期		—	—							—		

9

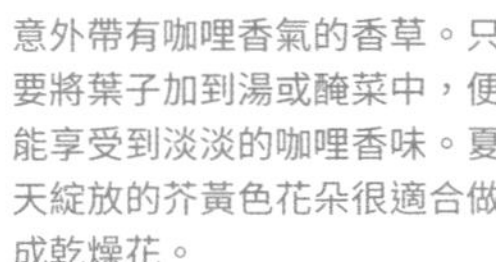

意外帶有咖哩香氣的香草。只要將葉子加到湯或醃菜中，便能享受到淡淡的咖哩香味。夏天綻放的芥黃色花朵很適合做成乾燥花。

散發咖哩香氣的美麗銀葉

義大利永久花

Curry Plant

屬於常綠的半耐寒性小灌木，美麗的銀葉令人印象深刻。並非自古便為人利用至今的香草，而是歷史比較短的新品種。雖然不是咖哩粉的原料，葉子卻帶有和咖哩一模一樣的強烈氣味，可用來為料理增添香氣。葉子無論新鮮或乾燥皆可利用。

從7月中旬到8月綻放的芥黃色花朵即使經過乾燥也不會褪色，因此非常適合做成噗噗莉和乾燥花。長有綿毛的銀灰色外觀作為園藝植物也有很高的觀賞價值，若和其他植物組合搭配，美麗的銀葉能夠發揮完美的點綴效果。

DATA

- 學名＝Helichrysum italicum
- 科名＝菊科
- 原產地＝歐洲南部
- 別名＝蠟菊
- 高度＝約50～60cm
- 盛產期＝3～6月、9～10月
- 可使用部分＝葉、花、莖
- 用途＝為料理增添風味、乾燥花、噗噗莉

Variety use

❖可使用部分 葉 花 莖

美麗的銀葉帶有咖哩香氣，這樣的組合實在教人不可思議。特徵是香氣可維持很久。

❖做成料理……

用葉子為湯、燉菜提香，可以享受到淡淡的咖哩風味。使用的葉子無論生鮮或乾燥皆可，不過用來增添風味的葉子請在食用之前才摘下（左圖）。也可以用來為醃菜增添風味。

❖做成乾燥花……

夏天綻放的芥黃色花朵即使經過乾燥也不易褪色，非常適合做成乾燥花和噗噗莉。長有綿毛的針狀銀葉也一樣可以做成乾燥花和噗噗莉，不僅可拉長欣賞時間，而且還有防蟲效果（右圖）。

Taking care

適宜環境

喜歡日照充足且排水、通風良好的肥沃土壤。由於耐寒性最多可達—5°C左右，在寒冷地區最好移入室內過冬。

繁殖方式

以扦插方式繁殖。適合扦插的時期為春秋兩季，會比較容易發根長苗。柔軟的枝條容易腐爛，因此建議使用偏硬的枝條。

採收：採收期 4月中旬～ 10月

將葉片入菜時無論使用生鮮或乾燥皆可。7月中旬～ 8月綻放的花要從已經開的依序採收。

栽種方式的重點

種植 —— 取得苗後種植於土中。在開始生長發育的春天種植會長得很快。

供水 —— 雖然不像原產於地中海沿岸的香草那麼不耐多濕，卻也算是討厭多濕的環境。保持偏乾燥的狀態，等到土壤表面乾了再給予充足水分。若是盆植，最好不要讓植栽在梅雨季節淋到太多雨水。

肥料 —— 於春秋兩季施予緩效性肥料。盆植須留意肥料缺乏的問題。

病蟲害 —— 雖然不太會受病蟲害侵擾，但仍有可能出現蚜蟲。保持良好通風以抑制蚜蟲發生，一旦發現有蟲就要捕殺。

每日照顧 —— 為避免植株悶熱，必須對枯掉的枝條、雜亂的枝條剪枝。開花後要稍微修剪同時採收。

Calendar	1月	2月	3月	4月	5月	6月	7月	8月	9月	10月	11月	12月
盛產期			—	—	—	—			—	—		
種植、開花				—	—		—	—	—	—		
採收期				—	—	—	—	—	—	—		
繁殖期				—	—				—	—		

從初春開始會綻放出香氣迷人的深紫色花朵。除了經典的單瓣（右圖）外，重瓣的帕瑪香堇菜（左圖）也有很高的觀賞價值，相當受到歡迎。

香甜氣味能使人心情平靜、安穩入睡

香堇菜

Sweet Violet

這款香草以散發香甜氣味、外表楚楚可人聞名。可以利用的是花朵和心型葉片。以花朵和葉片泡成的茶可舒緩煩躁情緒讓心情平靜，因此很推薦在頭痛、失眠、宿醉時飲用。對於口內炎和初期感冒也有療效，把茶當成漱口水使用有止咳化痰的效果。如今在法國南部等地區依然有在種植香堇菜以作為香料和香水的原料。

以「重瓣香堇菜」之名出現在市面上的是品種不同的「帕瑪香堇菜」，其運用方式也和原生香堇菜一樣。因為是重瓣，用砂糖醃漬會顯得格外漂亮。

DATA

- 學名＝Viola odorata
- 科名＝堇菜科
- 原產地＝歐洲、西亞
- 別名＝香紫羅蘭
- 高度＝約10～15cm
- 盛產期＝1～5月
- 可使用部分＝葉、花
- 用途＝砂糖漬、沙拉、點心、茶、臉部桑拿、噗噗莉、胸花

Variety use

❖可使用部分 葉 花

花可生鮮使用，若要保存就用砂糖醃漬。葉片無論新鮮或乾燥皆可使用。

❖做成砂糖漬……

充分攪拌蛋白但不打發起泡，然後塗在花朵上，撒上糖粉。置於通風良好處使其乾燥便完成（左圖）。直接食用相當美味，也可以用來裝飾蛋糕、慕斯、冰淇淋（右圖）。放入可密封的容器，再置於冰箱冷藏保存。

❖用於臉部桑拿……

在洗臉盆中放入4、5片新鮮葉子和熱水，用蒸氣蒸臉，如此不但可以滋潤肌膚，鎮靜效果還能令人感到放鬆。

❖做成沙拉……

現摘的花朵可當成食用花做成沙拉。

Taking care

適宜環境

喜歡排水良好、保水性佳的肥沃土壤。種植前最好先混入腐葉土、堆肥。秋天到春天要選擇日照充足的地方，初夏到夏末則要選擇沒有直射陽光的涼爽處。

繁殖方式

以分株、播種，或是剪下從走莖長出來的子株進行繁殖。植株一旦老化就不易生長和開花，也容易罹患疾病，因此必須定期更新植株。

採收：採收期 10月中旬～ 5月

如要利用花，須在開花後立刻採摘。葉片則是隨時皆可採收。

栽種方式的重點

種植——開花期長出的苗在種植時必須小心避免傷到根。原生香堇菜無論地植或盆植皆可生長，但帕瑪香堇菜的耐暑性、耐寒性都很弱，最適合的方式是盆植。由於花會受到重力影響而低垂，因此必須避免淋到雨。

供水——盆植須留意避免乾燥。因不耐高溫乾燥，夏季須特別留意缺水問題。

肥料——施予含氮量少的肥料。施加過多肥料會容易生病也不易開花，因此必須減少用量。

病蟲害——體質基本上算是強健，但仍有可能出現蚜蟲、葉蟎、灰黴病。一旦發現有蟲就要驅除。

每日照顧——種植在通風良好處，並讓環境不會過於乾燥。去除枯葉和有損傷的葉子。

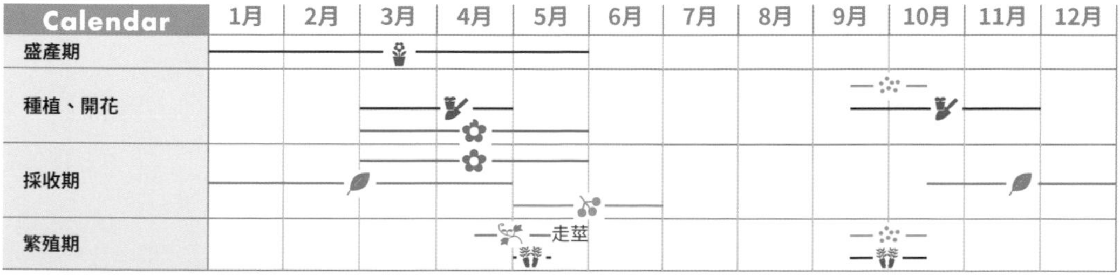

Calendar	1月	2月	3月	4月	5月	6月	7月	8月	9月	10月	11月	12月
盛產期												
種植、開花												
採收期												
繁殖期					走莖							

左圖為毛茉莉。就像卡羅萊納茉莉（右圖）一樣，即便和茉莉為不同種類，有些也會因為香氣迷人而被稱為茉莉。香氣濃郁但因含有毒性，所以一般會做成噗噗莉。

被譽為「香氣女王」的甜美芳香極富魅力

茉莉

Jasmine

DATA

- 學名＝Jasminum officinale
- 科名＝木犀科
- 原產地＝自然生長於印度、阿富汗、伊朗
- 別名＝素馨、末麗
- 高度＝約150～300cm
- 盛產期＝5～6月
- 可使用部分＝花
- 用途＝點心、茶、噗噗莉

自然生長於印度、阿富汗等地的木犀科植物，會長出藤蔓狀的莖。於春天綻放的白色花朵帶有非常香甜的氣味。開花期時室內只要有一盆茉莉，整個屋內都會飄散著甜美的芳香。也被當成香水的原料使用，但是從半夜才開始綻放的花中萃取出來的精油，更是因數量稀少而價格高昂。這個充滿誘人魅力的香氣不僅有強烈的放鬆效果，還有提振精神的作用，因此據說也能夠刺激人的感官慾望。花除了乾燥後泡成茶，也可以做成香氣四溢的甜點和飲品。

Variety use

❖可使用部分 花

將花的部分乾燥後泡成茶。另外，將新鮮花朵迅速水洗後用來插花也很漂亮。

❖做成茶飲……

要泡製茉莉花茶，須摘取開了約莫七分的花朵進行乾燥，接著混合適量以茉莉為基底的中國茶或中國綠茶泡製（左圖）。製作茉莉花茶的花要使用茉莉花（Arabian jasmine）或毛茉莉。卡羅萊納茉莉因具有毒性，不適合泡成茶，所以最好做成噗噗莉或是芳香劑。

❖做成點心……

新鮮花朵可以添加在冰淇淋、蛋糕等點心中，增添香甜氣味。乾燥過的花也可揉進餅乾麵團裡烘烤，融入風味（右圖）。

Taking care

適宜環境

喜歡排水良好的肥沃土壤。日照不足會徒長也不容易開花，因此要選擇日照充足的場所。耐暑性強但不耐寒冷和結霜，冬季需要移入室內。只不過，如果沒有承受適度的寒意，隔年春天也不會開花，所以要避開暖氣太強的房間。

繁殖方式

以扦插方式繁殖。將沒有開花的莖剪下最前面的2節左右，去除下方葉片，插入土中。若溫度有達到25℃，大約2星期就會發根。

採收：採收期 4 ～ 5月

摘取已經綻放的花。因為花是從凌晨2點左右開始綻放，所以最好要在中午以前摘下。茉莉花的含水量高，保存之前須充分乾燥。

栽種方式的重點

種植 —— 最好購買盆栽回來種。適合種植的時期為4 ～ 5月。將已經長成藤蔓狀的植株種在院子裡時，必須1根1根分開，修剪成50 ～ 60cm再種植。

供水 —— 等到土壤表面乾了再給予充足水分。尤其花開的時期會大量吸水，須留意缺水問題。冬季要減少供水，等土壤表面乾燥的2、3天後再澆水。

肥料 —— 種植時，要在土壤中混入緩效性肥料作為基肥。追肥為每2個月施予1次固肥，或是每2週施予1次液肥。氮肥太多會不容易開花，須減少用量。

病蟲害 —— 植株衰弱或持續處於乾燥狀態就容易遭受葉蟎侵害，因此最好不時用水將葉片噴濕。

每日照顧 —— 開完的花和枯葉要勤於摘除。由於具蔓性又耐修剪，因此可藉由支柱使其長成喜歡的模樣。根的生長速度很快，若是盆植須每2年於春天或秋天換盆1次。

Calendar	1月	2月	3月	4月	5月	6月	7月	8月	9月	10月	11月	12月
盛產期					●	●						
種植、開花（種植）				●	●							
種植、開花（開花）				●	●							
採收期				●	●							
繁殖期				●	●	●	●	●	●			

被銀灰色綿毛覆蓋的天鵝絨狀葉片（右圖），以及於夏天綻放的花（左圖）。雖然較不耐高溫多濕，但是對於病蟲害的抵抗力很強。由於繁殖力強，植株會變得雜亂擁擠，因此需要定期移植。

讓人忍不住想觸摸的毛茸茸「羊耳」

羊耳草

Lamb's Ears

DATA

- 學名＝Stachys byzantina
- 科名＝唇形科
- 原產地＝土耳其、亞洲南部
- 別名＝羊耳石蠶
- 高度＝約30～50cm
- 盛產期＝4～5月
- 可使用部分＝葉、花
- 用途＝乾燥花、噗噗莉、花束、花環

雖然外表不像，羊耳草這種多年生草本植物卻是經常被做成醋漬物食用的草石蠶的同類。一如「羊耳」這個名稱，被綿毛覆蓋的銀葉觸感柔軟，帶有淡淡類似青蘋果的香氣。葉片往橫向擴展生長，夏天時會長出高高的花穗，開出漂亮的紫紅色花朵。

像是治療撞傷瘀青的貼布等，從前曾經被當成藥用香草使用，不過現在只有作為觀賞之用。羊耳草作為銀葉植物，即使經過乾燥，顏色、質感也幾乎不會改變，因此非常推薦做成乾燥花、噗噗莉、花束或是花環。

Variety use

❖可使用部分 葉 花

葉子和花主要是做成乾燥花。被綿毛覆蓋的銀灰色美麗葉片和花的利用價值很高。

❖用於插花和花束……

只要將新鮮葉片、花朵和其他植物搭配在一起，羊耳草的銀灰色便能填補空間，讓插花作品或花束顯得更有魅力。以羊耳草的葉子為基底，搭配上粉紅色或白色系花朵的插花作品也很漂亮（左圖）。

❖做成乾燥花、噗噗莉……

也可以將葉子和花乾燥，做成乾燥花或是噗噗莉。由於葉子和花穗的含水量很少，即便以生鮮狀態直接做成花環也能完整無缺地變乾燥（右圖）。

Taking care

適宜環境

喜歡日照充足、排水良好的乾燥場所。在半日照環境也能生長，但如果日照量不足，花穗有可能會不容易長高。

繁殖方式

於春天或秋天以分株方式繁殖。生長力強，大概1、2年植株就會變得擁擠，因此移植時最好順便分株。如果不移植、分株，有可能會從雜亂的部分開始枯萎，須特別留意。

採收：採收期 4 ～ 11月

因為噴濺的雨水會弄髒葉片表面，必須避開梅雨季節和秋天連日降雨時採收葉子。花要等到開始綻放了再連花穗一起剪下。

栽種方式的重點

種植 —— 取得苗，於春天或秋天栽種。

供水 —— 保持偏乾燥的狀態，避免過於潮濕。一方面也為了讓葉子保持乾淨，盆植最好要在梅雨季節架設遮雨棚。

肥料 —— 於春秋兩季施予緩效性肥料。施加過多會讓葉子長得太大，導致整體外觀雜亂，因此須減少用量。

病蟲害 —— 雖然沒有特別棘手的病蟲害，但仍有可能出現蚜蟲，一旦發現就要去除。

每日照顧 —— 當發現枯葉或損傷的葉片就要摘除。如果不採收花，花開完之後要連花穗一起剪下。植株雜亂、老化會導致葉片掉落，整體變得不夠美觀，因此建議每1、2年就移植。

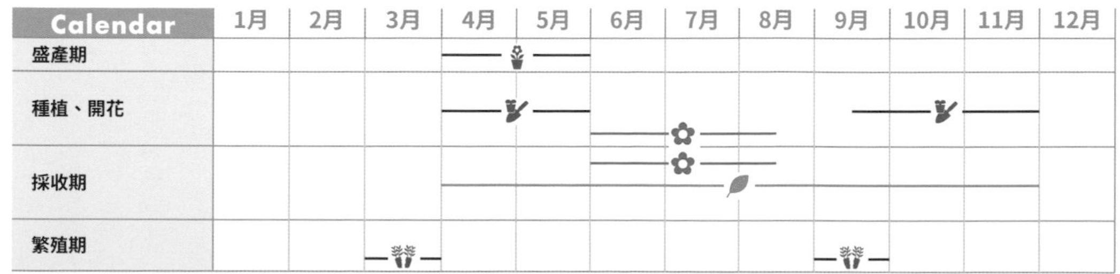

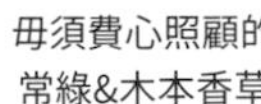

9

形狀特殊、帶有細小裂痕的葉片，搭配上宛如鈕扣的黃花令人印象深刻。茂密的銀葉有著很高的利用價值。

讓空氣清新的銀葉

棉杉菊

Cotton Lavender

DATA

- 學名＝Santolina chamaecyparissus
- 科名＝菊科
- 原產地＝地中海沿岸
- 別名＝薰衣草棉
- 高度＝約30～60cm
- 盛產期＝4～6月
- 可使用部分＝葉、花
- 用途＝防蟲噗噗莉、乾燥花、花環

棉杉菊屬於常綠灌木香草，帶有細小裂痕的銀葉為其特徵。有著刺激性強的氣味，夏天會開出黃色或奶油色宛如鈕扣的花朵。葉子除了銀灰色外，也有漂亮的綠色。雖然無法用於料理和茶飲，但有能令空氣清新的功效，因此除了做成噗噗莉、乾燥花，也能利用其防蟲、消毒的效果，放進抽屜或書櫃裡面驅蟲。

這種香草會長成茂密的美麗樹叢，但因為不耐高溫多濕，需要定期修剪以防止植株悶熱。修剪也有令植株恢復年輕的效果。

Variety use

❖可使用部分 葉 花

銀灰色葉片和黃色的花可用防蟲和觀賞。即便沒有開花，一整年也都能欣賞到外觀美麗的茂密植株。

❖做成噗噗莉衣架……

帶有獨特氣味的葉子和花最適合做成噗噗莉。只要將具防蟲效果的葉子乾燥做成噗噗莉後用棉花包起來，裝進鐵絲衣架中，再用喜歡的布纏住並調整形狀，獨創的防蟲衣架就完成了（左圖）。

❖做成花環……

直接將新鮮的棉杉菊做成花環（右圖）。因為含水量很少，只要擺在通風良好的地方就會變得乾燥，能長時間作為居家裝飾。不僅乾燥後顏色和形狀幾乎不會改變，而且又有防蟲效果，因此不會有長蟲的問題。

Taking care

適宜環境

喜歡日照充足、排水良好的貧瘠土壤。會自然生長在弱鹼性的土壤中，但因為也會在弱酸性土壤中生長，所以不需要特別中和酸鹼性。

繁殖方式

於春天或秋天以扦插方式繁殖。將茂盛的枝條剪下5～8cm進行扦插，約莫2星期就會開始發根。

採收：採收期 6月～8月中旬

開花後要採收花和葉子，順便剪枝。只要在梅雨來臨前修剪順便採收葉片，即可預防植株悶熱，但因為修剪後就不會開花，這一點須特別留意。

栽種方式的重點

種植 —— 於春天或秋天種植苗。無論盆植或地植皆可生長。

供水 —— 因為討厭過於潮濕的環境，必須保持偏乾燥的狀態。尤其如果是盆植，最好從梅雨季節到夏天這段期間架設遮雨棚。

肥料 —— 會自然生長於貧瘠土壤中，因此就算不施肥也會長大。施加過多含氮量高的肥料會使得植株虛弱，須特別留意。

病蟲害 —— 因含有防蟲成分，幾乎不會受病蟲害侵擾。

每日照顧 —— 為了保持美觀，必須勤於剪枝。愈老舊的植株愈不耐高溫多濕，甚至有可能在梅雨季節過後突然枯萎，因此最好事先繁殖備用的苗。

Calendar	1月	2月	3月	4月	5月	6月	7月	8月	9月	10月	11月	12月
盛產期				—	—	—						
種植、開花				—	—	—			—	—	—	
						—	—	—				
採收期						—	—	—				
						—	—	—				
繁殖期				—	—	—			—	—		

蔓性玫瑰的樹高為3～5m，半蔓性為2m左右，灌木種則為約1m。品種也很豐富，大致分為原生種玫瑰、古典玫瑰、現代玫瑰這3種系統。

香氣濃郁、氣質高雅的花之女王

玫瑰

Rose

因高雅香氣和優雅姿態受到全世界的喜愛。以香甜優美的氣味聞名，經常作為香水的原料。分為蔓性、半蔓性和灌木種，花朵的顏色、形狀同樣也是五花八門。花瓣除了可以做成果醬，還能直接裝飾沙拉、用砂糖醃漬，以及為飲品增添香味。直接將新鮮花瓣撒在浴缸裡，能令浴室充滿優雅的花香。花蕾可加入甜點中，或是乾燥後做成各種工藝品。以名為玫瑰果的果實泡製的茶，富含維他命C，對於肌膚粗糙、眼睛疲勞的問題非常有效，是讓人想天天飲用的養顏美容香草茶。

DATA

- 學名＝Rosa spp.
- 科名＝薔薇科
- 原產地＝北半球幾乎所有地區
- 別名＝ ——
- 高度＝約100～500cm（蔓性）
- 盛產期＝4～5月、11月
- 可使用部分＝花、果實
- 用途＝沙拉、點心、茶、入浴劑、化妝水、噗噗莉

Variety use

❖可使用部分 花 果

主要作為香草使用的是原生種玫瑰和古典玫瑰。食用花瓣時請使用無農藥的玫瑰。

❖做成切花……

將開始綻放的花朵插在花瓶裡。香甜氣味會瀰漫整個房間，讓原本低落的情緒振奮起來（左圖）。

❖做成飲品……

用手撥開採摘到的果實（玫瑰果），去除裡面的種子，稍微清洗後使其乾燥。可以直接泡成富含維他命C且帶酸味的茶，但如果再加入少許乾燥的木槿花，不僅色澤會變得鮮豔，味道也會更有層次。玫瑰果主要採自犬玫瑰。

❖做成肥皂……

將經過乾燥的花瓣加到肥皂中。放在表面上也很漂亮（右圖）。

Taking care

適宜環境

喜歡直射陽光，以肥沃且排水良好的土壤為佳。不適合室內栽培。不耐悶熱，須盡可能選擇通風良好的場所。

繁殖方式

以扦插或嫁接方式繁殖。最適合扦插的時期為5～7月。太老舊的枝條不容易冒芽。選擇嫩莖剪下10～15cm，留下大約3片葉子，斜剪枝條後插入土中。置於陰涼處早晚澆水，1個月左右就會發根。

採收：採收期 5～6月、9～11月

花蕾要等到膨脹了再摘取，花則最好在開花當天的上午連莖剪下。果實要挑選紅色的成熟果實收成。

栽種方式的重點

種植——一般都是從苗木開始種植。由於11月到2月為休眠期，因此建議新手使用適合於這個時期栽種的大苗。為了加強排水，種植時要將栽植點堆高。

供水——等到土壤表面乾了再給予充足水分。夏季需要多一點水，最好早上和傍晚各澆一次。若是地植，一旦缺水也會使得植株失去活力，因此夏季時必須供水。

肥料——玫瑰為需肥量很高的植物。除了種植時的基肥，2月的寒肥、新芽生長的5月、開花後的8～9月，也都分別需要在距離植株周圍約30cm處埋入有機肥料或化學肥料。氮肥一多就很難開花，也容易出現病蟲害，因此須減少用量。

病蟲害——氮素過多或過於潮濕都容易使得玫瑰受蚜蟲、白粉病、黑斑病侵害。雖然沒有施加藥劑會很難栽培，但還是可以藉由努力整頓生長環境，以無農藥方式預防病蟲害產生。

每日照顧——由於不耐多濕環境，雜亂的枝葉須進行剪枝以維持良好的通風性和採光。開完的花序梗和變黃的枝葉要勤於去除。

Calendar	1月	2月	3月	4月	5月	6月	7月	8月	9月	10月	11月	12月
盛產期				—	—						—	
種植、開花（種植）	—	大苗		—	新苗						大苗	
種植、開花（開花）					—	—			—	—		
採收期（花）					—	—			—	—		
採收期（果）									—	—	—	
繁殖期					—	—	—					

月桂是常綠植物，隨時都能採收葉片。耐修剪，當成庭院樹木種植也很輕鬆省事。可依據修剪方式，呈現出較為小巧的樹形。

可運用在許多料理中的萬用香草

月桂

Laurel

葉子乾燥或新鮮皆可利用，可依個人喜好選用。新鮮葉片的氣味略帶苦味，較為刺激。乾燥葉片帶有溫和的香甜氣味，經過烹調後味道就會變得濃郁。具有消除疲勞的效果，也能當成入浴劑使用。也有防腐作用，可以將葉子切碎做成噗噗莉。

分為雄株和雌株，春天會開出奶油色的小花。容易種植，也常被當成庭院樹木利用，另外還有斑葉和黃葉的品種。由於容易長出新芽且耐修剪，因此透過修剪將高度控制在2～3m並非難事。也很推薦修剪成只有頂端的枝葉茂密的造型。

DATA

- 學名＝Laurus nobilis
- 科名＝樟科
- 原產地＝地中海沿岸地區
- 別名＝桂冠樹、月桂冠
- 高度＝約200～700cm
- 盛產期＝3～5月、10～12月
- 可使用部分＝葉
- 用途＝料理、入浴劑、噗噗莉

Variety use

❖可使用部分 葉

葉子無論新鮮或乾燥皆可利用。除了入菜和除蟲外，因為可以採收到很多，所以也很推薦放進浴缸泡個香草浴。

❖做成料理……

葉子無論新鮮或乾燥皆適合為料理增添風味。像是燉菜、法式火上鍋等，可以運用在各種料理中（左圖）。也很推薦和歐芹、芹菜、百里香等一起做成香草束使用。

❖用來驅除米桶的蟲……

葉子有防蟲效果，將葉子放進裝有穀物、粉類的容器中即可除蟲（右圖）。

❖做成橄欖油……

和奧勒岡、大蒜等一起放進橄欖油或酒醋中增添香氣。只要擺在日照充足的窗邊，大約半個月就會變成風味絕佳的油或醋。

Taking care

適宜環境

喜歡日照充足、排水良好的肥沃場所。如果是地植，種植前要先在土壤中混入堆肥或腐葉土。

繁殖方式

於春天或梅雨季節以扦插、基部芽（從植株根部附近長出的芽）繁殖。若不使用基部芽來繁殖就要及早剪除。

採收：採收期 全年

將採收下來的葉子置於陰涼處乾燥後密封保存。若連枝條一起剪下做成花環，過一陣子就會變得乾燥，屆時也可以剪下葉子來入菜。

栽種方式的重點

種植——於春天或秋天植苗。挑選苗時，要選擇沒有徒長、有確實扎根的苗。在根確實扎穩之前須以支柱支撐。

供水——等到土壤表面乾了再給予充足水分。

肥料——於春秋兩季施予緩效性肥料。若是地植，待長大到一定程度就不需要再施肥，如此才能夠抑制生長。

病蟲害——只要日照充足、通風良好，就幾乎不會產生病蟲害，不過仍有可能出現介殼蟲。一旦發現介殼蟲就要驅除。

每日照顧——雖然幾乎不需要照顧，但因為新枝條的生長速度快會導致樹形雜亂，必須定期剪枝順便採收，以修整形狀。

Calendar	1月	2月	3月	4月	5月	6月	7月	8月	9月	10月	11月	12月
盛產期			—	—	—					—	—	—
種植、開花			— (種植)	— (種植)／— (開花)	— (開花)			— (種植)	— (種植)			
採收期	—	—	—	—	—	—	—	—	—	—	—	—
繁殖期				—		—	—					

香草栽培的
10個基本知識

作為對生活有所助益的植物，
香草自古便深受人們的喜愛。
基本上堪稱體質強健，
只要有一盆便能不斷繁殖下去。
健康發育的香草不僅新鮮美味，香氣更是絕佳。
學習如何正確種植，盡情享受栽培香草的樂趣吧。

01 播種的基本理論

有許多品種的香草都可以輕易從種子開始栽培。例如大面積種植洋甘菊、西洋蓍草，或是種植羅勒、芝麻菜等會頻繁使用的香草，以及栽種琉璃苣、金蓮花這類種子大顆又容易生長的香草，在這些情況下尤其建議採取播種方式。

① 播種時期為春秋兩季

適合「春播」的是不具耐寒性，會在夏天到秋天開花的品種。毋須擔心結霜，恰好為八重櫻花期的4月是最適合的時間點。「秋播」適合春天開花且具耐寒性的品種，為了趕在變冷之前生根，必須於9月中旬~10月上旬播種。另外，也有像百里香、迷迭香這類春播或秋播皆可生長的品種。

春播	秋播
羅勒、紫蘇、歐芹、牛膝草、金蓮花、大黃、鼠尾草、峨蔘等	香堇菜、菊苣、小白菊、矢車菊、金盞花、芝麻菜、琉璃苣、蒔蘿等

播種的步驟

① 選擇種子

除了依據用途、香氣等個人喜好，也要配合種植環境來挑選品種。種子最大量盛產的時候，就是適合播種的時期。可以在商店或網路上購買。

② 決定播種地點

依據所需要的苗的數量、性質，決定是要直播於可以直接栽培的地點，或是使其在盆器、箱子等育苗箱中發芽。

③ 準備土

如果是種在盆器、花盆等容器中，市面上有許多專用的土壤和容器。直播則要依據不同品種喜歡的環境，挑選適合栽培的地點施肥。

② 播種地點

如果只種幾株便足夠或是討厭移植的品種，塑膠盆會比較方便。假使需要的數量很多，就選擇寬口徑的淺盆或附淺盤的椰纖土。若要大面積種植洋甘菊、西洋蓍草就直播於花圃中。

③ 播種於容器時的適用土壤

塑膠盆要使用香草用的培養土，播種於箱中則要使用移植時容易散開的膨脹蛭石和泥炭土的混合土。兩者都要是沒有混入雜草的根、種子、病菌的新土。不需要肥料。

保水、排水、透氣性佳的市售播種用土。不需要混合，使用起來非常方便。（右起）「TAKII播種培土」（50L）¥4280／TAKII種苗、「自製播種用土」（14L×3袋）¥3820／SAKATA SEED

4 播種方式主要分3種 依種子的大小選擇

播種的方式主要分為條播、散播、點播這3種，須依照種子的大小和特性選擇適合的方法。無論是種在箱子裡或是直播，都要注意盡可能不讓種子重疊。另外，可以準備免洗筷、明信片等道具，這樣施作起來會比較方便。

點播

適用於比較大的種子。用手指挖洞，在一個洞中埋入2～3粒種子。發芽後要間拔，讓1處只留下1根。

鼠尾草、錦葵、歐芹等

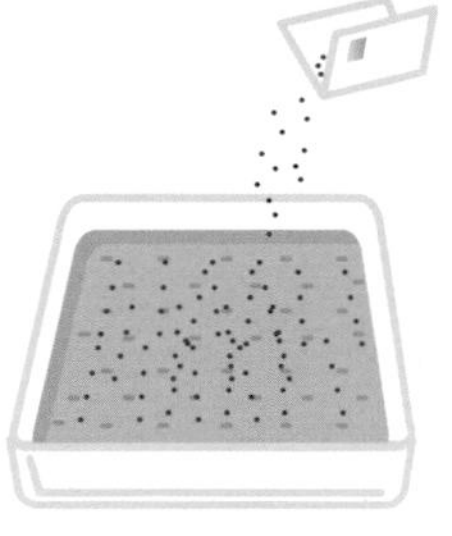

散播

將種子均勻撒在播種床上。可以用指尖捏著，或是用對折的明信片撒上細小種子。

羅勒、洋甘菊、矢車菊、新風輪菜、紫蘇等

條播

適用於細小的種子。使用免洗筷在土上製造出平行的溝槽。將明信片對折後放上種子，利用摺痕將種子撒在溝槽內。

奧勒岡、牛膝草、芝麻菜、香蜂草等

＊除此之外，像金蓮花這種大顆的種子則會1粒、1粒地種植。

4 以適合的方式播種

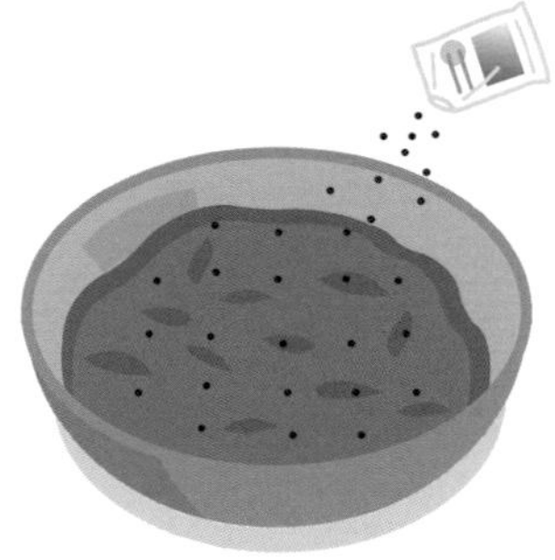

依據種子的大小、所需的量、播種地點，選擇適合的方式播種。種子一旦撒在土上就很難辨別，所以要特別小心。

5 覆土

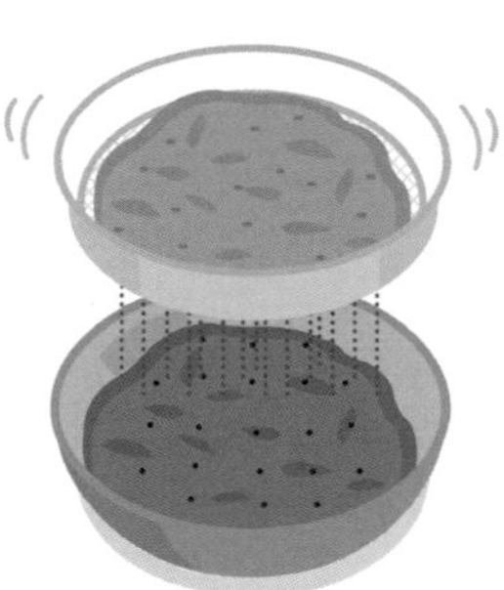

使用篩網覆上薄薄一層土，稍微掩蓋種子。假使蓋得太厚，發芽時需要光的品種就不會發芽，這一點須特別留意。

6 供水

發芽需要有適量的水分。用灑水壺澆水有可能會沖走種子，因此要在底盤裝水，讓種子從盆底吸水。

遇水會膨脹的播種用土盆，可以直接定植。使用高級泥炭土。「Jiffy-7」（48個×1）¥2090／SAKATA SEED

5 覆土的目的是防止種子乾燥

發芽需要水分。種子暴露在空氣中容易乾燥，因此要稍微覆蓋上土壤。如果是條播或點播，也可以用指尖把土堆上去，但是要小心別讓種子黏在手指上。種子細小的品種，有的種子也會不需要覆土。

6 小心缺水！

播種後在發芽之前，必須極力避免發生缺水的狀況。在底盤裝水，讓種子從盆底吸水。水要勤於更換以保持新鮮狀態，假使土壤表面過於乾燥，建議用濕報紙蓋在盆器上面。

7 間拔的功用

在種子全部發芽後，為了讓預計要定植的苗成長茁壯，必須間拔以保有足夠的空間。去除形狀、顏色不佳或莖太細瘦的苗，拔到苗的葉子彼此不會重疊的程度。食用香草的柔軟間拔苗即便很小，通常也都帶有香氣，因此可以試著拿到餐桌上運用。

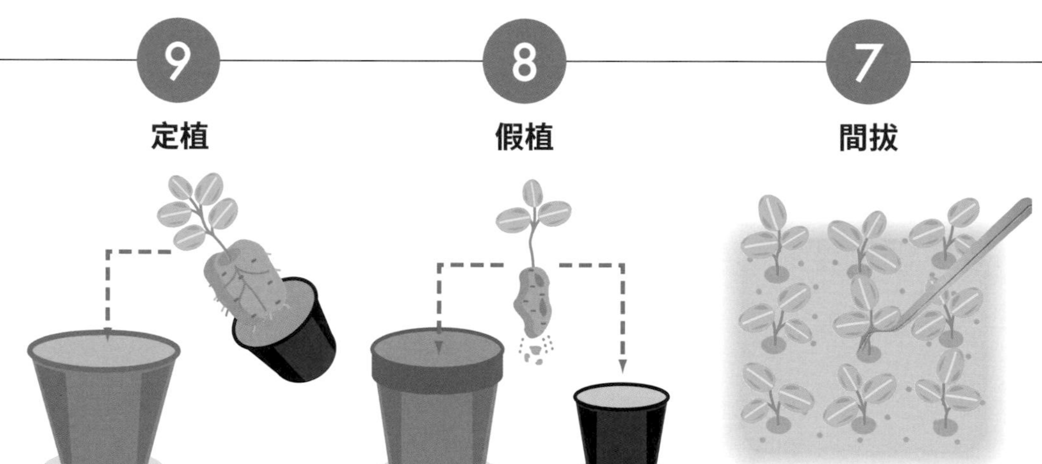

7 間拔：為了讓苗好好生長，要用手拔掉周圍弱小的苗。如果芽長得太擁擠，就用鑷子拔到彼此的葉片不會相碰的程度。

8 假植：等到長出2、3片本葉就移植到盆器中。將苗盡可能和周圍的土一起挖起來，謹慎地植入育苗用的花盆或盆器。

9 定植：採取合植或地植時，倘若假植時苗太瘦小就要留在盆器內，等長得夠大了再定植。

盆植球根香草的方法

球根的深度和方向是關鍵

這裡介紹一般種植球根的方式。重點在於不要搞錯冒出芽和根的球根的上下方向。另外，種植的土壤深度也會依品種而異，這一點要特別留意。

【步驟】

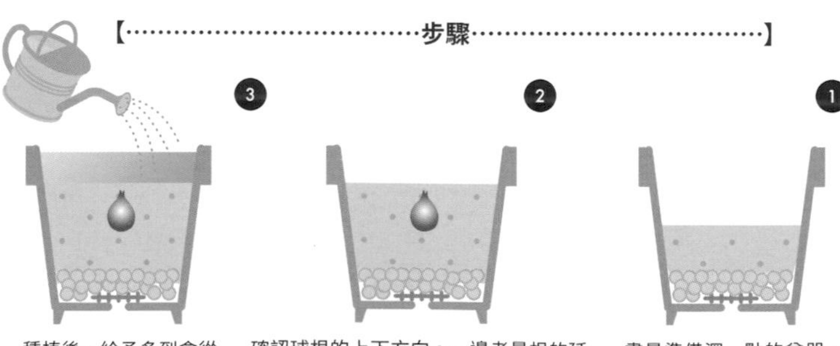

1. 盡量準備深一點的盆器，在盆內鋪上盆底網和盆底石，然後放入培養土。
2. 確認球根的上下方向。一邊考量根的延展空間，一邊放入球根。放入土，土的高度要比盆緣低2、3cm以便澆水。
3. 種植後，給予多到會從盆底流出來的水量。

02 只要掌握這些重點就沒問題

重點是擺放位置和供水

容易失敗的原因

●忘記澆水

雖然大部分的香草都耐乾燥，但也別忘了澆水。為了避免忘記澆水，要將盆栽擺在顯眼的地方。

●搞錯擺放位置

不要放在陰涼處。幾乎所有香草都喜歡陽光所以要置於向陽處。

●過度施肥

不要施予過多肥料。多數香草即便不施肥也能生長，過度施肥反而會讓根受損枯萎。

●澆太多水

不要澆太多水。等到用土表面乾了再給水，要比種植一般花草植物時略乾一些（討厭乾燥的香草除外）。

留意擺放位置和供水

儘管都稱為香草，但實際上香草可分為許多種類。有的討厭乾燥，有的討厭過度潮濕，有的討厭寒冷，有的討厭酷熱。每種香草的性質都不相同，必須配合其性質採取適合的栽培方式。

香草基本上大多體質強健，因此只要留意擺放位置和供水，種植香草一點都不困難。多數香草都不太需要施肥，而且也不容易受棘手的病蟲害侵擾，照顧相當容易。

不僅能收成，觀賞價值也高

只要香草順利生長下去，採收多到用不完的葉子和花是極有可能實現的夢想。非但不需要再購買市售的袋裝香草，還能無時無刻隨心所欲地運用新鮮香草。

不只是收成，香草作為園藝植物，其中也有不少觀賞價值很高的種類。栽培的樂趣、觀賞的樂趣、收成的樂趣、使用的樂趣，香草能夠帶給我們各式各樣的趣味。不如現在就從栽培開始著手吧。

03 盆植的供水方式

討厭過濕的香草和討厭乾燥的香草

香草可以大致分為討厭過濕的種類及討厭乾燥的種類。為了避免因供水而導致栽培失敗，必須配合各種香草的性質給予水分。

討厭過濕的香草要保持偏乾

像是迷迭香、薰衣草這類原產於地中海沿岸的香草，因為是在全年降雨量少的氣候下自然生長，所以討厭過於潮濕的環境。一旦澆太多水使得用土過濕，根部就會腐爛枯萎。

如果用種植一般花草植物的方式來替香草澆水，可能會因為澆太多水而失敗。務必留意不要讓用土過濕，保持略為乾燥的狀態。

討厭乾燥的香草要小心缺水

薄荷類、香蜂草等討厭乾燥的香草一旦缺水，葉子就會枯萎，所以在用土尚未過於乾燥時澆水非常重要。尤其夏季容易缺水，有可能1天澆1次還不夠，因此請務必時常確認土壤表面的乾燥程度，避免乾燥缺水的情況發生。

供水的重點

●充分給予

為了讓水遍布用土整體，要給予多到會從盆底流出來的水量。除了供給水分外，這麼做也能藉由澆水將用土中殘留的老舊空氣擠出盆外，同時供應新鮮空氣給根。

●等到用土表面泛白再供水

用土表面的顏色在含水狀態和乾燥狀態下有所不同，須等到乾燥泛白了再澆水。另外，由於用土的乾燥程度會讓盆栽的重量改變，因此也可以透過拿在手上時的重量來判斷，或是用手指觸摸用土確認有無濕氣，來判斷供水的時機。

●夏天不要中午澆水

如果在夏天的中午澆水，被陽光照射發燙的用土會讓水變熱，導致根部受損。夏天澆水要避開陽光強烈的中午，於上午或傍晚的涼爽時段進行。假使烈日當空使得植株缺水、感覺快要枯萎了，這時要先把盆栽移至陰涼處再給予充足水分。

●冬天的供水方式

冬天要在晴朗日子的溫暖上午澆水。在陰天或下午很晚的時候澆水，不但會讓用土在還沒乾的情況下受到夜間低溫的影響，導致根部受損，用土也會容易凍結。

以盆器和花盆栽培，會比直接種在土裡來得容易乾燥，因此供水方面需要特別留意。如果是剛播種完，或是才剛冒芽的小苗，為了避免種子被沖走和傷到幼苗，澆水時最好將灑水壺的壺嘴朝上以減緩水勢。

討厭過濕的香草

鼠尾草、天竺葵、百里香、奧勒岡、薰衣草、迷迭香、牛膝草等

討厭乾燥的香草

紫蘇、蘘荷、薄荷、香蜂草等

04 盆植的擺放位置
留意日照和通風

擺放位置的重點

●置於日照充足處

假使日照不足，植栽就會徒長，香氣也會變淡。

●置於通風良好處

通風不佳會引起悶熱而容易產生病蟲害。

●討厭過濕的香草不能長時間淋雨

討厭過濕的香草不能在梅雨季節、秋天連日降雨時淋雨（薰衣草、迷迭香等原產於地中海沿岸地區的香草）。

●不具耐寒性的種類要在室內過冬

不耐寒冷的香草要擺放在室內（例如檸檬香茅）。

●陽台要留意反射光線

將盆栽擺在陽台上時，須留意水泥地板的輻射熱。水泥的熱度會讓根的溫度升高、不利生長，或是使得用土急速變得乾燥。可藉由鋪設木地板或磚頭來減緩輻射熱。

●盆栽不要直接放在土上

若直接把盆栽放在地面，根會從盆底延伸到土中，病原菌和害蟲也會從盆底入侵。請放置在磚頭或台子上，不要直接擺在土上面。

大多數香草都要放在日照充足和通風良好的地方

選擇日照充足且通風良好的場所

多數香草都喜歡陽光。如果種植在缺乏日照的地方，植栽會因為日照不足而徒長，並且容易產生病蟲害。因此，香草基本上都要種植於日照充足的場所。為了讓香草健康地生長，請將盆栽擺在一天至少可以照到5小時陽光的地方。

另外，如果擺在通風不佳的場所，植株會因為悶熱導致發育不良，而且也容易產生病蟲害。請盡量放置於通風良好處。

討厭過濕的香草不能長時間淋雨

像是迷迭香、薰衣草等，這些討厭過濕的香草大多喜歡乾燥的氣候，很怕梅雨季節和秋天連日降雨的天氣。

一旦用土因連日降雨而過於潮濕，不僅根部會處於缺氧狀態，進而腐爛枯萎，植株也會因為悶熱而發育不良。梅雨季節和秋天連日降雨時為盡量避免淋到雨，須架設遮雨棚以免用土過於潮濕。

05 苗的挑選方式

只要挑選健康的苗就不易失敗

挑選苗的重點

●沒有病蟲害

選擇健康、沒有病蟲害的苗。因為有些病蟲害驅除起來很麻煩，所以包括葉子的背面和植株底部，整體都必須仔細確認。

●植株底部不會晃動

若有穩穩地扎根，植株底部就不會晃動。假使植株底部會搖晃，就表示根沒有確實扎穩，或是有根部腐爛的狀況。

●根處於健康狀態

盤根或根部腐爛的苗有生長障礙，需要一段時間才能恢復。須留意苗從盆器底洞延伸出來的根是否有變色成褐色。

●沒有徒長

一旦日照不足，植株就會徒長，使得莖呈現節間拉長的狀態，整體顯得脆弱無力。

●下方葉片沒有枯萎

下方葉片枯萎不但有損觀賞價值，還有因盤根以致植株老化的可能性。

●連葉尖都很有活力

葉尖枯萎不但有損觀賞價值，還有根部已經產生問題的可能性。

●葉色鮮豔

葉色淺淡的苗有可能並未受到適當管理，或是因為缺乏肥料、生病所致。

●一年生草本

發芽之後，在1年內完成生長、開花、結實、枯萎整個循環週期的植物。生長週期在1年以上、2年以內的稱為二年生草本，兩者可合併稱為一、二年生草本。

●多年生草本

和一、二年生草本不同，即使開花、結實仍會繼續生長、不會枯萎，莖也不會木質化的植物。多年生草本之中，只有地上部會在休眠期枯萎，地下的根和莖會存活下來的種類稱為宿根植物。

●木本

莖會木質化並且逐年成長茁壯的植物。可大致分為全年都有葉子的常綠樹，以及葉子會在冬天休眠期掉落的落葉樹。有高達30m以上，也有小至幾公分的種類。

選擇健康、沒有病蟲害的苗

多數的香草苗都是以種在3號（直徑9cm）塑膠盆中的狀態，擺在園藝店、居家生活館中販售。

現場挑選時，一開始要先仔細確認是否有感染病蟲害。接著確認植株底部是否會晃動、有無徒長、有無盤根、下方葉片和葉尖有沒有枯萎等，選擇一株健康無虞的苗。

苗開始大量上市後要及早購買

像是被擺放在通風、採光不佳處的苗，以及澆太多水導致用土過濕的苗，因為這些苗的狀態多半很差，應盡量避免選購。

香草苗大量上市的時間雖然以生長期為主，但是為了能豐收，請在苗開始大量上市後及早購買。尤其一年生草本會在短時間內發育，因此比多年生草本容易受到缺乏肥料、根部損傷的影響，被放置一段時間的苗買回家後會無法順利生長。

06 香草的用土
從赤玉土和腐葉土開始吧

用土的重點

●赤玉土
經過乾燥的紅土。具有良好的透氣性、排水性、保水性。因為容易崩解，要盡量選擇粉塵（顆粒崩解所形成的粉末）少的產品。分為大顆粒、中顆粒、小顆粒，香草則要使用中顆粒。

●腐葉土
以闊葉樹的落葉發酵分解而成。具有良好的透氣性、保水性。殘留大葉片和帶有酸味的腐葉土因尚未完成發酵分解，應避免使用。

●膨脹蛭石
蛭石經過高溫處理之後膨脹而成的人工用土。具有良好的透氣性、保水性。

●珍珠石
粉碎珍珠岩後經過高溫處理的人工用土。具有良好的透氣性、排水性。

●基本組成
以赤玉土7：腐葉土3的組成比例種植，讓透氣性、排水性、保水性達成良好平衡。也可以配合香草的性質，以加入珍珠石來加強排水的組成（赤玉土6：腐葉土3：珍珠石1），或是以加入膨脹蛭石來強化保水性的組成（赤玉土6：腐葉土3：膨脹蛭石1）栽種。

●市售的「香草培養土」
結合好幾種栽培香草用的土壤，調整成弱鹼性的方便用土。各家廠牌的組成內容、比例都不同，品質也有所差異。

赤玉土

腐葉土

膨脹蛭石

珍珠石

赤玉土要去除粉塵再使用

多數香草的栽培用土都會使用赤玉土作為基底，而赤玉土因為顆粒容易崩解，通常都是以混雜著粉末狀粉塵的狀態出售。若直接使用，不僅排水性會變差，還容易造成根部腐爛。因此在使用赤玉土時，不要使用殘留在袋底的細小土壤（粉塵），可以用篩網將其去除再行使用。尤其討厭用土過濕的香草要特別留意。

以石灰調整酸鹼度時不可加太多

以地中海沿岸地區為首，多數香草都是自然生長在弱鹼性的土壤中。因此當土壤酸鹼度（pH）為酸性，會加入石灰調整成弱鹼性，可是一旦加太多變成強鹼性的話，植株就會發育不良。

以赤玉土、腐葉土作為基底的用土雖然是弱酸性，但是因為多數香草即便在弱酸性、中性土壤中也能順利生長，所以如果沒有pH檢測計，也不必勉強加入石灰調整成弱鹼性。

07 香草的肥料

若用土肥沃就不太需要施肥

肥料的重點

●肥料三要素

肥料中含有名為肥料三要素的氮（N）、磷（P）、鉀（K）。
氮、磷、鉀可分別對葉子、花、根發揮作用。

依施肥時期區分

●基肥

種植時施予的肥料。可混在用土中，或在不直接接觸根的情況下埋進土裡。使用緩效性肥料。

●追肥

因應生長施加的肥料。施予固肥時要放在靠近盆器邊緣的用土上，而非植株底部。使用緩效性肥料（或速效性肥料）。

依生效方式區分

●速效性肥料

效果立刻就會顯現，但是並不持久。化成肥料。追肥用。

●緩效性肥料

效果會一點點緩慢地顯現，而且能夠持續很久。分為有機肥料，以及經過加工、成分會慢慢釋放出來的固體化成肥料。用於基肥、追肥。

依成分區分

●有機肥料

成分為油粕、魚粉粕、雞糞、骨粉等有機物的肥料。臭味少且方便使用的，是在油粕中加入適量骨粉後使其發酵的固體型。屬於緩效性，成分會慢慢釋放出來，效果持久。

●無機肥料

化學肥料、化成肥料等以化學方式合成的肥料。效果會立即顯現。

依型態區分

●液肥

用水稀釋使用的速效性化成肥料。因為馬上就會被根吸收，可作為追肥施予。

●固肥

固體肥料。分為有機肥料、緩效性化成肥料、速效性化成肥料。

小心施予過多，以有機肥料栽培

容易因肥料導致栽培失敗的原因是施予過量。施肥過量會讓根部損傷、變得容易遭病蟲害入侵，對植物造成諸多不良影響，因此請遵照規定的施肥量給予。

會接連開花的花草植物只要肥料不足就不會開花，因此必須勤加施予無機肥料（化成肥料、液肥等），但是除了一年生草本的種類之外，多數香草並不需要那麼多肥料。只要用腐葉土等富含有機物的肥沃用土種植，就可以只用有機肥料栽種而毋須使用無機肥料。

一年生草本香草要小心缺肥

一年生草本香草因為會在短時間之內發育，所以有些會像羅勒一樣需要很多肥料。以羅勒為例，一旦肥料不足，葉、莖就會變硬，風味也會下降，因此必須避免缺肥的狀況發生。除了有機肥料外，也請視情況使用無機肥料（化成肥料、液肥等）。

08 基本的種植、換盆
在盤根、根部腐爛之前施作

種植的步驟

1 從塑膠盆中取出苗

2 輕輕鬆開根周圍的土壤（軸根系的香草要跳過此步驟）

3 在鋪有盆底網的盆器中放入約1/3的用土，然後放入苗

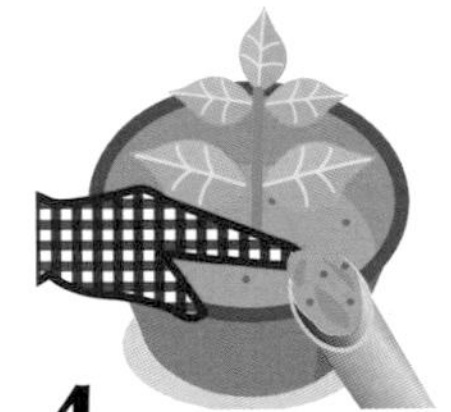
4 在盆器和苗、植株的縫隙間放入用土

5 用指尖輕壓植株底部，讓用土穩定，接著給予充足水分

種植、換盆的注意事項

●要在盤根之前換盆
●施作過程中避免根部乾燥
●施作完成後的1～2週要擺放在半日照處

取得苗後要立刻種植

在取得香草苗之後，要立刻種在大一號的盆器或花盆裡。如果太晚種植會發生盤根或缺肥的情況，須特別留意。

多數香草在種植之前，要先將根周圍的土壤輕輕鬆開，但是像芫荽、歐芹這類軸根系香草一旦傷到根，發育狀況就會變得非常差，因此請直接栽種不要鬆土。

每1、2年就要換盆

盆植的香草大約1、2年根系就會長滿整個盆器，因此必須定期換盆。如果不在需要時換盆，會導致盤根、根部腐爛，嚴重的話還會枯死。

換盆時要和種植時一樣，準備大一號或大兩號的盆器，輕輕鬆開下方⅓～½的根後種入盆中。步驟和種植時相同。

假使不想加大盆器的尺寸，就要盡量去除舊土同時鬆根，然後種入相同大小的盆器中。

09 基本的管理
順利度過梅雨季節和夏天的方法

在梅雨來臨前修剪兼採收

有不少香草都討厭高溫多濕的環境。在日本栽培香草的一大難題，就是如何安然度過梅雨季節和夏天。梅雨不但會使得用土過於潮濕，下雨時陽光還不會露臉，因此香草容易因缺乏日照而衰弱。好不容易熬過梅雨季節，仍可能因為接續而來的炎夏變得更加衰弱，甚至枯死。因此，必須在梅雨來臨之前修剪雜亂的枝條順便採收，讓陽光能夠照射到植株中央。修剪除了可以幫助植株不容易悶熱，還能讓植株中央照射到陽光，如此就不容易有缺乏日照的問題，能夠大幅提升安然度過梅雨季節和夏天的機率。

利用葉片的香草要避免開花

多數利用葉片的香草也會開花，可是一旦使其開花，不僅葉子會變硬，尤其一年生草本的香草還會因植株老化而失去活力。若想持續採收品質好的葉片，就不要讓香草開花。由於這類香草很少會開出亮眼的花朵，因此如果不採取種子，就要在開始冒出花芽時及早去除。

管理的重點

●修剪

將延展伸長的莖剪短的作業。不耐高溫多濕的香草要在梅雨來臨前修剪兼採收。舉例來說，奧勒岡、百里香是從接近地面處修剪，薰衣草則是從側芽上方剪掉花穗來整頓外觀，修剪位置會隨香草的種類而異。

像天竺葵這樣枝條一旦老化，外觀就會變得雜亂且不容易開花的香草，必須剪掉1/2左右的高度以更新枝條。

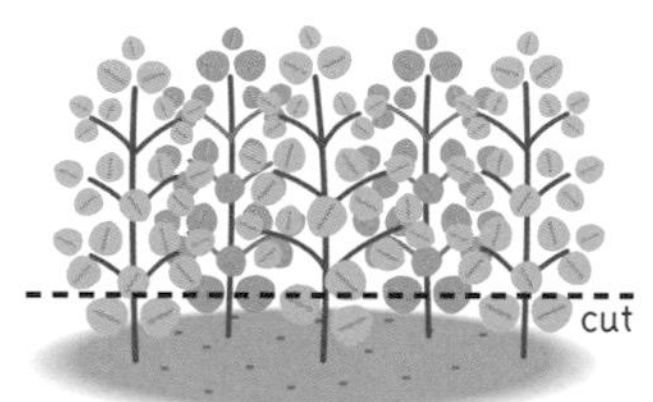

奧勒岡要從接近地面處修剪

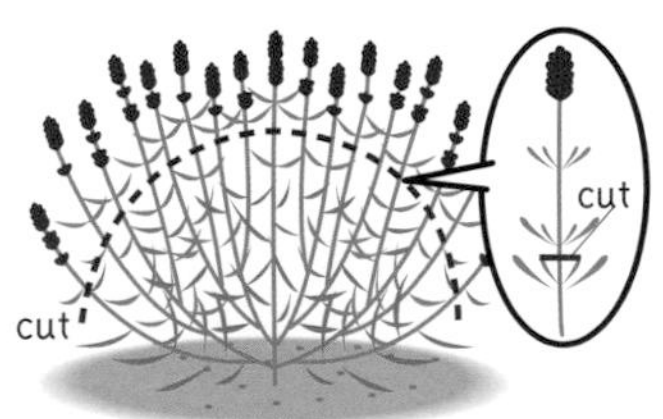

薰衣草要從側芽上方剪掉花穗

●摘芯

摘取枝條前端的芽。摘芯可促進側芽生長、幫助分枝，讓植株外觀茂密美麗。以羅勒為例，只要在苗的階段摘芯數次，葉片的收成量就會增加。

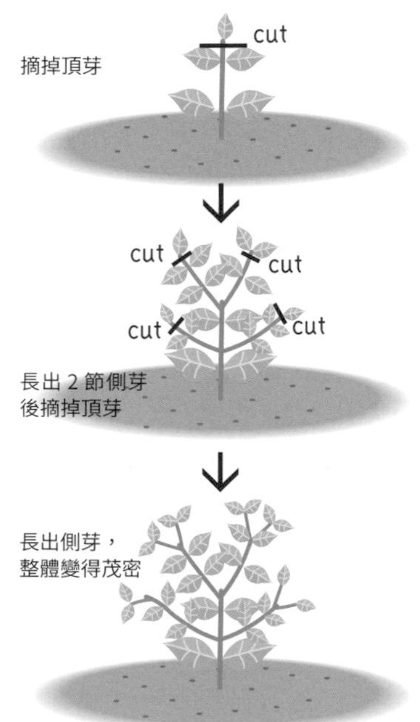

10 主要的病蟲害與對策

不依賴藥物，及早發現及早應對

以健全的栽培方式預防病蟲害

香草多半都會直接食用，因此最好盡量避免使用藥物。正因為能夠使用無農藥栽培的香草，才有自己種植香草的價值。

香草基本上多半體質強健，但不幸的是，除了植物外，對蟲子來說同樣環境宜人的春天，以及疾病容易擴散的梅雨季節，依然有可能會產生病蟲害。蟲子不可能會放過美味的香草。一開始，請先試著利用健康的苗和正確的管理方式來對抗病蟲害吧。

無農藥栽培、有機栽培其實不難

只要在每次供水時，養成平日經常觀察植株的習慣，就能及早發現病蟲害的產生，進而在損害擴大之前加以驅除。

雖然也可以使用園藝藥劑來驅除，不過以香草來說，基本上生病只要去除患部，害蟲只要加以捕殺即可解決問題。以無農藥栽培（若不使用無機肥料就是有機栽培）方式種植其實一點也不難。

病蟲害的重點

●保持植株底部的清潔

花序梗和受損枯萎的葉片容易致病，一旦發現就要去除。

預防病蟲害的確認重點

●葉子和花有無變色

有可能是因為供水、擺放位置、肥料等的管理不當，或是已經感染疾病。若是生病須去除患部。

葉色改變

●葉子有無遭到啃食，有無糞便掉落

如果有即表示有芋蟲、毛毛蟲、蛞蝓出沒，須及早發現並加以捕殺。由於也有些害蟲只會在晚上出來活動，除了白天外晚上也要進行確認。

葉子遭啃食且出現糞便

●葉子背面和盆底有無害蟲

不只是葉子的正面，葉子的背面和盆底也經常有害蟲潛伏，須定期確認。

葉子背面和盆底有害蟲潛伏

代表性疾病的症狀與防治方法

疾病名	受害症狀	防治方法
白粉病	葉子或莖上面出現白色粉末狀的白黴。	氮素過多就會容易產生。去除發病的部位。
炭疽病、露菌病	黴菌會使得葉子或果實上等處出現斑點。	氮素過多或過少都會產生，因此須適度施肥。保持良好通風。
軟腐病	病菌會導致接近地面的部分腐敗，產生異味。	因容易在高溫多濕時發生，故須保持良好的排水和通風。發病的植株要連用土一起處理掉。
灰黴病	花序梗、枯葉或枯莖上產生灰色黴菌。	容易在低溫多濕時發生。須加強通風，小心過濕。勤於去除枯葉、枯莖、花序梗。

代表性蟲害的症狀與防治方法

害蟲名	受害症狀	防治方法
蚜蟲類	吸取花或葉的汁，妨礙生長。	用手去除，或利用蓄壓式噴霧器以水的力道沖洗。
潛蠅（繪圖蟲）	在葉子裡面產卵，將葉肉啃食成蛇形狀。啃食部分會變白，看起來像描繪了一幅畫。	一發現啃食痕跡就要去除受害葉片，加以捕殺。
毛毛蟲類	啃食葉子、花、花蕾。	在損害擴大之前一發現就捕殺。
葉蟎類	主要寄生在葉子背面吸取汁液，讓葉子的正面產生小斑點。	容易在高溫乾燥時產生，因此供水時也要在葉子背面澆水。
蛞蝓	啃食葉子和花。	在盆器旁邊擺放裝了啤酒的盤子，晚上蛞蝓聚集時便能加以捕殺。

日文版 STAFF

校對　株式会社円水社
編輯製作　株式会社エフジー武蔵
編輯部　原田敬子

取材、拍攝協力

香取園芸造園企画
〒213-0011
神奈川県川崎市高津区久本 1-16-21 フィオーレの森
☎ 045-857-6616

サカタのタネ
〒224-0041
神奈川県横浜市都筑区仲町台 2-7-1
直賣部 網路販賣課　☎ 0570-00-8716

生活の木
〒150-0001
東京都渋谷区神宮前 6-3-8
☎ 03-3409-1781

タキイ種苗
〒600-8686
京都府京都市下京区梅小路通猪熊東入
☎ 075-365-0140（網購組）

ミヨシ
〒408-8533
山梨県北杜市小淵沢町上笹尾 3181
☎ 0551-36-5911（八岳營業育苗中心）

參考資料

《ハーブカラー図鑑》パッチワーク通信社
《ハーブの育て方·楽しみ方大図鑑》成美堂出版
《ハーブ》西東社
《ハーブ百科》ブティック社
《たのしいハーブ作り》主婦の友社
《ハーブ スパイス館》小学館
《心と体を健やかにする ハーブ·香草の楽しみ方》学研
《はじめてのハーブ作り Q&A》主婦の友社
《こころと体に効くハーブ栽培 78 種》成美堂出版
《ハーブ 育て方楽しみ方》家の光協会

本作品之日文原版為參考日本於2005年發行的《特選実用ブックス 花と庭 初めてのハーブ作り定番50種》、2013年發行的《初めてのハーブ栽培手帖》（皆為世界文化社出版）之內容的新裝版。本書開頭收錄的<香草專家的美好生活與應用方式 令人稱羨的 HERBAL LIFE>則是重新取材 、拍攝的內容。

監修　小黑晃

1952 年出生於群馬縣。千葉大學園藝學部畢業。以宿根植物專家的身分活躍於電視節目及雜誌媒體。新手也能一聽就懂的詳細解說深獲好評。

國家圖書館出版品預行編目(CIP)資料

香草植物栽培筆記：圖解 50 種經典香草的種植 & 應用 / 小黑晃監修；曹茹蘋譯 . -- 初版 . -- 臺北市：台灣東販股份有限公司 , 2024.05
184 面；17×22 公分
ISBN 978-626-379-368-2(平裝)

1.CST: 香料作物 2.CST: 栽培

434.193　　113004556

香草植物栽培筆記
圖解 50 種經典香草的種植&應用

2024 年 5 月 1 日初版第一刷發行

監　　修　小黑晃
譯　　者　曹茹蘋
編　　輯　曾羽辰
美術設計　林泠
發 行 人　若森稔雄
發 行 所　台灣東販股份有限公司
<地址> 台北市南京東路 4 段 130 號 2F-1
<電話> (02)2577-8878
<傳真> (02)2577-8896
<網址> http://www.tohan.com.tw
郵撥帳號　1405049-4
法律顧問　蕭雄淋律師
總 經 銷　聯合發行股份有限公司
<電話> (02)2917-8022

購買本書者，如遇缺頁或裝訂錯誤，
請寄回更換（海外地區除外）。
Printed in Taiwan